AF453214

TRAITÉ

D'AGRICULTURE.

Le domicile du sieur BRIAND sera, à compter du premier Octobre,

HOTEL DE VILLIERS,

Rue Pavée Saint-André des Arcs.

TRAITÉ
D'AGRICULTURE,

Ou l'on enseigne le moyen de conserver toute l'année la pomme de terre en nature, la maniere de perfectionner l'engrais économique & salubre des bestiaux, & l'espèce des chevaux, en multipliant & perfectionnant les élèves & toutes les denrées, par le choix des améliorations, la destination de chaque sol, le défrichement & la fertilité de la sixième partie du Royaume, maintenant inculte.

Heureux le Laboureur, trop heureux s'il sait l'être!
La terre libérale & docile à ses soins,
Contente à peu de frais les rustiques besoins.
Georg. de l'Abbé DELISLE.

Par M. le Chevalier DE SAINT-BLAISE,
de l'Académie des Arcades de Rome.

A PARIS,

Chez BRIAND, Libraire, quai des

1788.

A

SON ALTESSE SÉRÉNISSIME

MADAME LA DUCHESSE

DE BOURBON.

MADAME,

LA protection dont Votre Altesse
Sérénissime honore les Sciences, l'encouragement qu'elle se plaît à donner
aux talens naissans, vont fixer à jamais
le sort de mon Ouvrage. Ce Traité
d'Agriculture est le fruit de quinze ans

A

de theorie & de pratique. Au moment de l'offrir à ma patrie, ignoré, pour ainſi dire, du reſte des humains, la Providence qui enchaîne les deſtinées, a pris ſoin de la mienne..... Douces idées de ma reſpectable ſolitude ! aſyle ſacré, qui me ſerez toujours préſent ! c'eſt à vous ſeul, que je dois les marques honorables de la ſenſibilité d'une auguſte Princeſſe ! Oui, MADAME, votre vertu protège un jeune infortuné, dont le début, ſous vos auſpices, eſt un ſuccès.

Je ſuis, avec le plus profond reſpect,

MADAME,

DE VOTRE ALTESSE SÉRÉNISSIME,

Le très-humble & très-
obéiſſant ſerviteur,
Le Chev. DE SAINT-BLAISE.

INTRODUCTION.

LA premiere des Sciences, celle qui fonde la fortune de tous les ci-toyens, & qui fert de bafe au commerce, celle qui affure la gloire & la richeffe de toutes les Couronnes du monde, femble impofer la loi naturelle de fon étude à tous les hommes. Il n'eft point d'individu qui ne doive fon exiftence à la terre; il en eft bien peu, qui, placés dans une claffe diftinguée, ne regardent comme fubalterne de s'occuper d'elle. Confiée à des mains étrange-res, l'intérêt de la propriété ceffe, la fpéculation anti-patriotique d'un lucre perfonnel & momentané com-mence par enrichir un Régiffeur

des dépouilles des Fermiers dont il
fait choix par des concuſſions. Ces
derniers épuiſés , ne connaiſſent
qu'une manière de cultiver pour
recouvrer la ſomme proviſoire ſortie
de leurs mains en paſſant bail. L'a-
mélioration eſt au - deſſus de leurs
forces , l'épuiſement du ſol doit
ſeul les remplir. Beaucoup de récoltes , tant bonnes que mauvaiſes.....
Voilà le dire du Laboureur, que
le mauvais exemple entraîne, que
l'égoïſme de ſon commettant rend
indifférent à la fortune d'un maître
qu'il ne connaît que par le mauvais
côté. L'ignorance de cet homme
agreſte , acheve la ruine de la culture : il ne connaît que l'uſage
reçu de ſes peres ; & ſi la plus
utile découverte parvient juſqu'à

lui, elle est à ses yeux, ou folie, ou dégradation. Aussi, suis-je bien éloigné d'écrire pour ces malheureux Laboureurs, dont la manie fixe la marche constante. C'est aux propriétaires que je fais hommage de mon travail & de mes expériences ; c'est à ceux qui doivent avoir des principes, ou qui sont susceptibles d'en recevoir, que j'aime à m'adresser ; c'est à ceux enfin que le bien-être direct, joint à la possibilité de l'exécution & des épreuves, doit insensiblement entraîner vers le bien que je me propose de mettre en évidence. Il est tems de passer au sujet. C'est en le traitant par comparaison, & d'une manière intelligible pour tous les pays, qu'il est possible d'en voir un jour

A 3

naître tous les fruits que j'en
attends.

La culture, première partie de
cet ouvrage, conviendra à tous les
pays, par son analogie avec toutes
les terres; car il suffit d'en connaître
la différence, pour prouver qu'il
n'est point de Province où les engrais ne soient abondans, où le Cultivateur ne soit abusé par l'ignorance la plus grossiere, quand la disette
des pailles pour faire des fumiers,
ne lui présente aucune autre ressource. Le Maître & le Fermier, dans
la même opinion, ne connaissent
pas l'étendue de leurs propriétés....
Le premier donne sa terre à bail,
pour un prix modique (ce qui s'ap-
pelle en Bourgogne *amodier*), parce

que les améliorations en grand, ne lui paraissent pas possibles..... Le second, chargé d'une nombreuse famille, dont tout le patrimoine est dans l'industrie des labours, en multipliant ses récoltes, ne fait que les réduire & vivre au milieu des besoins. Il en résulte la cherté des denrées sans qualité, la réduction de toutes les fortunes, pour en faire l'acquisition, l'impossibilité de prélever de nouveaux impôts, sans épuiser toute une Nation, dans un moment de guerre inattendue, ou la gloire du Prince & le bonheur de tout un royaume, exigent la réunion de toutes les forces de l'État.

En effet, est-il une Puissance en état de se mesurer à la France ?....

Le Monarque le plus riche de l'univers, le plus chéri de ses sujets, le plus assuré de leur valeur redoutable à tous leurs voisins, ne jouit pas, à beaucoup près, de tous les avantages qui sont la suite nécessaire d'une culture parfaite. Dans le sol le plus favorisé de la nature, dont l'Espagne doit envier la position, malgré que le sien renferme des mines d'or, le Pérou de l'univers est ignoré. État florissant & imposant pour tous les autres, quand l'Agriculture est à peine à son berceau, que serais-tu, si tes terres richement cultivées devenaient la mere nourrice de tes voisins ?.... Le Français, qui chérit le lieu qui le vit naître, n'en connaît pas tout le prix. L'Étranger jaloux du même bonheur, & qui finit souvent par se fixer en France, malgré le charme naturel qui rend un pays natal si cher à tout bon Citoyen, ne serait plus occupé que des moyens de s'établir solidement dans des contrées prédestinées. La population augmentant par l'abondance & la perfection de tous les comestibles, donnerait à la Maison de Bourbon des sujets plus nombreux & plus vigoureux. L'âge d'or ne serait plus une fiction..... il serait à jamais les délices du Monarque & du plus petit de ses sujets.

Les terres cultivées en France, sont loin de la valeur que des mains moins avares & moins ignorantes, leur communiqueraient. Afin d'en donner une idée juste, les landes, communes & terres en friche, vont fervir au développement des principes foumis à l'examen du Gouvernement en 1785. Ils en ont été fi favorablement accueillis, que le fuffrage de tous les perfonnages qui le compofent, & dont la plupart ont blanchi dans les recherches les plus férieufes, me ferait un devoir d'écrire, fi le plaifir d'être utile à ma patrie n'était ma plus douce loi.

La fixième partie du royaume, inculte, n'offre maintenant, au Laboureur vulgaire, que l'apperçu d'un fol dont la culture ne rendrait pas même les frais de mife. Elle eft fuivant lui, dans un état de néceffité, & ne doit jamais produire que des bruyeres & des ronces. C'eft

ainsi que l'ignorance la plus malheu-
reufe pour la France, empêche des
fortunes immenfes de naître; c'eft
ainfi que le meilleur des Princes,
dont la gloire & l'ambition font de
pourvoir au bonheur de fes peuples,
ne connaît pas les revenus confidé-
rables dont il eft privé, & qui ferviraient fi utilement au rétabliffe-
ment de la Marine françaife & de
fes Ports, à la fûreté du royaume,
comme à fon aggrandiffement.....
Quel eft donc le moyen de fortir
de cet état d'inertie & de médiocrité qui nuit à toutes les branches
du commerce? Quel produit reti-
rerait-on de la culture des terres maintenant abandonnées? Que
pourrait-on faire dans les terres
cultivées, pour en accroître les

revenus ? Empreſſé de ſatisfaire l'attente du Lecteur , je vais commencer par les obſervations qui fixèrent l'attention du Gouvernement en 1785.

TRAITÉ
D'AGRICULTURE.

Il faut dans le meilleur fond d'herbage ou de prairie, cent cinquante perches, de vingt-deux pieds la perche, pour engraisser un bœuf; il en faut beaucoup plus dans le médiocre. L'herbage & la prairie font d'un revenu bien supérieur à celui de la terre labourable. Comparer ce produit avec celui de la terre à labour, destinée aux semences propres à l'économie & à la perfection de l'engrais des bœufs, comme à leur multi-plication, suffit pour conduire à la nécessité de l'épreuve, qui, seule, peut constater un fait.

La même étendue de labour dans un fond choisi, suffit à l'engrais de deux bœufs, leur donne plus de valeur, en leur communi-

quant un goût si recherché, qu'il est in-
connu jusqu'à ce jour. Les deux bœufs dont
le Roi m'a permis de lui faire hommage
pendant le mois d'Avril 1782 , sont une
preuve complette de la perfection de l'engrais. Sa Majesté n'a jamais mangé de bœufs
aussi parfaits. La plupart des Seigneurs de la
Cour a jugé de cet aliment succulent. Il
ne s'agit plus que de savoir si l'économie
est réelle : c'est en procédant que l'on juge
sainement un fait. La découverte est à sa
perfection sur les bœufs, porcs & moutons, &c.

La bonne & mauvaise terre à labour, à
laquelle on ne fait faire produire que la
moitié par comparaison de la bonne & mauvaise prairie, serait par ce nouveau genre de
culture & de semences, d'un produit double de celui de la prairie & de l'herbage.
La prairie & l'herbage conserveraient une
valeur fort importante pour les vaches à lait
& la multiplication des élèves, en attendant
que la nouvelle culture, introduite par la

force de l'exemple, la prudence de MM. les Intendans, & le zèle des Affemblées Provinciales, pût fuffire à toute l'entreprife. Enfuite l'unique produit des prairies & herbages, fe bornerait aux laitages, aux beurres, à la multiplication des chevaux, fi chers par leur rareté, fi mauvais par une nourriture épargnée; & jamais l'épuifement du fourrage ne menacerait une Nation qui maintiendrait dans toutes fes parties l'abondance des denrées les plus effentielles, dont la quantité bornée eft un fléau pour l'humanité. La confommation du pain ferait beaucoup moins forte, tandis que celle des viandes augmenterait. Le mercenaire & l'ouvrier ne vivent actuellement, pour ainfi dire, que de pain. Le Militaire, après avoir verfé fon fang & facrifié fa fortune pour fon Prince & pour fa Patrie, trouverait dans les reftes d'un bien médiocre, ou dans une penfion ordinaire, de quoi fournir à fes befoins. Louis XVI, par un encouragement auffi digne de fon règne, ajouterait à l'établiffement immortel des Invalides, la gloire d'y faire participer tous les braves guerriers répandus dans fon royaume, qui verraient renaître l'âge d'or. L'artifan perfectionnerait fon art, au lieu de chercher fa fubfiftance dans des travaux trop hâtés pour être parfaits. Le malheureux dont les bras trouveraient à s'occuper, vivrait avec fa femme & les enfans, loin de l'oifiveté, du murmure & de la mifère, plus attaché à fa religion, & plus fidele à fon Prince. Le nombre des mendians, pour ainfi dire, détruit, ne troublerait plus l'ordre & le repos de l'État, par une foule de vagabonds & de brigands, qui, dans le principe, fans travail & violemment pouffés par les premiers befoins de la vie, ont commencé par tendre la main. La terre la plus inculte & la plus mauvaife, deviendrait un champ fertile par les reffources de la culture. Le plus mauvais fol donnerait un nouveau mérite à des travaux que j'ai perfectionné dans des terres improductibles.

Dans un Comité d'Agriculteurs éclairés,

mes

mes propofitions ne pouvaient que plaire.
Plufieurs féances ont abfolument fatisfait
les Membres refpectables qui ont difcuté
mes principes. Le frottement des idées a
épuifé la matiere, fuivant le defir unanime
de tous. J'avoue que l'émulation, qui dans
tous les hommes eft le germe des talens,
ne m'a préfenté de délaffemens & de plaifirs, que les heures pendant lefquelles j'ai
pu m'occuper uniquement de mon objet.
Son exécution retardée par la fituation des
finances, la plus grande économie pour la
rendre poffible, ne m'a pas été plus favorable. On s'eft contenté de recueillir mes
affertions, de les eftimer moralement, en
les confignant dans le répertoire de l'Agriculture. Le chemin des landes de Bordeaux
m'a été offert comme le moins frayé de la
nature; ce n'était pas le moyen de me rebuter. Prêt à partir, ne demandant qu'un
left de fix mille livres pour mettre à la voile;
tout étant confenti, & n'ayant plus befoin
que de la ratification miniftérielle, M. de
Calonne n'a point jugé qu'il fût néceffaire

de mettre en culture infenfiblement trente lieues de pays, dont l'emplacement femble inviter à l'établiffement d'une Colonie. Pourquoi la liberté des actions dépendait-elle alors d'une feule tête? Pourquoi le droit de prononcer fur les opérations de l'État, n'était-il pas, comme aujourd'hui, réfervé à l'examen férieux d'un Comité Royal de Finances? Chaque Membre qui le compofe, fut defiré par la Nation dans les momens les plus orageux. Le choix du Monarque que l'expérience rendait fi facile, a fixé pour toujours la confiance nationale. Mais j'ai defiré de fervir ma patrie dans des tems trop contraires.... Tout était dans la main de celui qui m'a refufé fix mille livres pour commencer une tâche auffi glorieufe, dans un fol, par fon étendue & fa nature, propre à éclairer la Nation. Ces mêmes fix mille livres fuffifant pour donner une idée jufte de l'entreprife en commençant le défriche-ment, ne pouvaient occuper un Miniftre trop avancé par le trouble du moment dans des erreurs, dont une tête imposante dans le premier ordre de l'État, a interrompu le cours. Le véritable amour de la Nation dans un personnage puissant & désintéressé, devait seul réparer des maux, qui, de plus en plus, devenaient sans remède. Un Prélat que la fortune favorisait de tous ses dons & de la plus heureuse sécurité ; moins occupé du bonheur parfait dont il jouissait, que de celui de l'État & du Prince que tout contrariait, s'est imposé la tâche la plus difficile, mais la plus glorieuse ;.... celle de réparer les forces de l'Etat épuisé. Généreux dévoûment, toi dont le sentiment sublime ne pénètre que des ames grandes & élevées ; que deviendrait un royaume sans toi?... Quel en serait le régime & la prospérité?... C'est toi qui fais de ma solitude une retraite paisible & heureuse.... C'est toi qui me places sous l'égîde de celui dont tu fais l'unique jouissance.... C'est toi qui, par des expériences réitérées dans les terres les plus ingrates, me fit apprécier la valeur d'un fol méprifé par tous les cultivateurs, & dont la culture eft fi précieufe.... Je reviens aux landes de Bordeaux.

Le Gouvernement, toujours occupé du défrichement des landes de Bordeaux qui lui paraît fi effentiel, le regarde prefque comme impoffible. La nature du fol, la ruine de tous ceux qui y ont entrepris des cultures, l'air brûlant de la mer & l'aridité des fables qui forment trente lieues de pays, ne laiffent aucun efpoir. Les uns ont cultivé fans que la terre ait produit ; un feul, fuivant la tradition du Gouvernement, était au moment de la plus riche moiffon, quand le vent le plus violent a couvert fes récoltes de trois pieds de fable. Ce dernier vient à l'appui de mes principes, & fait voir que toute la terre où la charrue peut entrer, eft productible. Mais pourquoi renoncer à des travaux auffi glorieux, à la vue d'une perte fi facile à réparer ? Il ne s'agiffait que de mettre les champs en culture à l'abri du vent de mer :.... rien n'était plus facile. En donnant une idée de l'exécution de mon défrichement, si le Ministre l'eût accueilli, le Lecteur pourra juger sans partialité.

Le bien en grand n'est possible qu'avec de grands moyens. Ceux qui peuvent tout entreprendre, veulent à peine hasarder quelque chose. La certitude morale ne leur suffit pas. Il faut donc dans un petit espace faire ses preuves, afin d'éclairer le Public & le Gouvernement. C'est dans le Livre des champs, que le Laboureur peut s'instruire; il n'y a que celui-là qui soit à sa portée. Six mille livres m'auraient suffi pour donner de l'ensemble des landes de Bordeaux un apperçu raisonné. Mais étant réduit à l'unique ressource d'écrire, pour offrir à la Nation ce que la culture eût rendu plus sensible, j'en ferai l'explication de maniere à mettre tout le monde à portée de l'exécuter.

Le moyen de former un abri contre le vent de mer, est simple. Il faut s'éloigner des limites de la mer d'environ trois cent pieds, ouvrir deux fossés de six à sept pieds de largeur sur cinq de profondeur, leur donner vingt pieds de distance, afin que cet espace serve à la construction d'une digue, formée des sables que ces mêmes fossés fourniront; ensemencer cette digue de vignots; planter dans ses côtés des saules & des épines; se servir en général de toutes les plantes, dont l'accroissement fournit plutôt un massif. Cette plantation faite en Mars, jointe à l'élévation des terres, recevra le tourbillon des sables..... Semblable au rocher contre lequel vient se briser le flot de la mer, il viendra se perdre sur cette masse, au lieu de couvrir le champ cultivé. Il ne fera tout au plus que contribuer insensiblement à l'augmentation de la digue, sans exposer le cultivateur à la ruine de ses travaux. Je suppose que cette première opération ne suffise pas, & qu'une portion des sables

dont le nuage sera divisé par la rencontre
de la digue, se répande dans le champ;
il n'en résulterait que peu de perte, ou
même pas du tout. Dans le premier cas,
l'ouvrage fait n'en serait pas moins précieux, puisqu'il protégerait toujours les
récoltes du champ qu'il avoisinerait. Une
seconde digue de dix pieds de large, à
cinq ou six cents pieds de la première,
assurerait infaiblement toutes les terres,
qui se trouveraient à l'abri par cette double élévation de terre. Le premier champ
serait tous les ans par ses productions, le
fruit du premier travail, tandis que la totalité des terres cultivées, fournirait au
cultivateur une double récompense. Mais
il me semble déja voir le Lecteur se perdre
dans des calculs, supputer le coût de cette
entreprise, & regarder six mille livres
comme une somme trop faible pour son
exécution. Je conçois qu'avec une somme
plus forte, on cultiverait un champ plus
vaste, qui, par son étendue, ferait l'avantage du cultivateur, en lui donnant, dès

le commencement, des bénéfices. Mais uniquement occupé de mettre au jour ma découverte, afin de fixer l'attention du Gouvernement, & de le convaincre par la force de l'exemple; je me trouvais trop heureux de faire connaître mon désintéreſſement, en commençant avec une ſomme dont la modicité ne pouvait compromettre la confiance du Miniſtre. Le réſultat devait, au moins, balancer les frais de miſe; & le refus d'un Miniſtre ſur une matière auſſi importante, ne pouvait être toléré que par la poſition des finances. Cette ſomme aurait bien circonſcrit le champ de mes épreuves. Vingt arpens au plus, pris ſur le long, en arrivant à la mer, afin d'avoir une digue plus courte à élever, auraient ſuffi à l'engrais de vingt bœufs, quarante moutons & vingt porcs, dont la vente m'aurait produit tous les débourſés du Gouvernement. Quand un eſſai rend de cette manière, ſon introduction en grand préſente des revenus conſidérables. Il faut analyſer cette expérience par parties, en paffant des améliorations à la culture, de la culture aux femences, des femences à la récolte, de la récolte à l'engrais des animaux.

Pour améliorer des fables très-arides & très-brûlans, il ferait à defirer de poffédec dans leur voifinage, des terres argileufes. Alors le fimple tranfport de ces terres fur les fables, & des fables fur le champ argileux, porterait la fertilité dans chaque terre, qui n'a befoin que d'une fubftance oppofée à la fienne. Il eft de principe en culture, qu'il faut toujours ufer de contraires en fait d'engrais; ce qui fe démontre bien facilement. L'argile raffemble des fables que la grande féchereffe divife. Elle en fait un corps folide & imbibé, qui contient tout à la fois les fels & l'humidité. La première qualité communique à chaque femence les fucs les plus précieux, tandis que la feconde, développant aifément le germe, donne au chevelu de la plante tout l'accroiffement poffible. Au

défaut de la glaife, les boues du chemin
voifin, les vidanges d'étangs ou de foffés,
portées fans apprêt dans le champ fablon-
neux de diftance en diftance, donneront
l'affurance d'une récolte abondante, en
influant fenfiblement fur l'augmentation
du fonds. Les fumiers de cheval & de
mouton, feraient nuifibles à cette culture.
Celui du bœuf, du porc & de la vache,
eft le feul qui, par fes qualités onctueufes
& fraîches, pût convenir à cette amélioration. Dans le choix de ces divers engrais,
le fumier me paraît le moins fructueux,
du moins pour les premières années, quand
il s'agit de donner à un champ de la
fubftance. Il doit, par la fuite des tems,
être employé avec beaucoup de fuccès,
quand le fable & l'argile, dans l'efpace
d'environ fix années, ont produit leur effet.
Alors la fraîcheur de l'argile épuifée par
la chaleur des fables, exige un nouveau
tranfport d'argile ou de terre glaifeufe.
Celui qui ferait affez voifin de l'argile,
pour en couvrir fes fables tous les deux

ans, pendant l'efpace de dix années, aurait fait une acquifition fur lui-même,
dont le produit ferait confidérable. Ce
mêlange cinq fois répété, fuffirait pour
toujours, & n'aurait befoin après ce tems,
que d'être tous les deux ans légérement
engraiffé avec les vidanges ou fumiers ci-
deffus défignés. Le cultivateur très-voifin
de l'argile, doit toujours la préférer. Il
en eft de même des fables portés fur l'argile. L'épuifement de ces deux fubftances
opéré en fix années, & qui exigerait un
nouveau travail, ne ferait occafionné que
par la négligence du cultivateur, qui fe
bornerait au premier tranfport d'une terre
fur l'autre. Il eft plus facile & plus utile
d'entretenir la fécondité d'un champ, que
de la faire renaître. Les engrais que fourniffent les villes, font propres à fertilifer
toutes les terres, & produiraient le meilleur effet dans les fables brûlans. Rien
n'eft plus aifé que de les féconder, par la
multitude des engrais qui peuvent fuffire
à leur culture. Elle eft d'autant plus pré-

cieufe, que le degré de chaleur des terres étant proportionné à la quantité & qualité de fes fels, il n'y a point de fol qui en contienne autant que les fables arides. Mais feuls & fans parties humides, le plus puiffant mobile de la végétation ne fait qu'attendre qu'on lui communique des terres mortes ou des fumiers fans chaleur, pour tempérer le feu qui le rend improductif. Les landes de Bordeaux de trente lieues d'efpace, enfeveliffent dans leur fein des richeffes, qui peuvent faire un jour le bonheur de la France. Cet engraiffement préfenté fous tant de formes qui le rendent poffible à tout le monde, n'a befoin que de la main-d'œuvre. Il n'y a point de pays, où l'un ou l'autre des engrais indiqués, n'exifte. La feule volonté d'agir fuffit, tandis que le bien général & particulier de l'État, eft le premier fentiment d'un Miniftre, qui fonde juftement l'efpoir de la Nation. Occupé de l'enfemble du royaume, chaque branche importante des finances méritant l'attention la plus fé-

rieuſe, la culture qui eſt l'ame & la ſource
de toutes, ne ſera point oubliée. Après
avoir fait connaître la poſſibilité & la nature des améliorations propres aux landes
de Bordeaux, le moyen d'y former une
colonie, me paraît le plus eſſentiel à
traiter.

Une plaine de trente lieues de pays à
peupler, ſemble offrir des aziles à la plupart des familles de la France ſans propriété, dont les bras réclament le travail
des champs; nées dans la miſère, conſolées
par la religion, le lieu de leur naiſſance
qui ſouvent ne leur rappelle que des peines, n'eſt pas propre à les fixer. Le canton
de la France ou la bonté du Prince leur
aſſurerait un patrimoine, deviendrait la
terre promiſe de tant de malheureux, pé-
nétrés de reſpect & d'amour pour leur Roi;
chaque Colon reconnaîtrait dans les bien-
faits du Monarque, la main de Dieu qui
l'arracherait de la détreſſe; fidèle à tous
ſes devoirs, invité par le plaiſir, la recon-
naiſſance & la néceſſité à la perfection de

fes travaux, le lever de l'Aurore le verrait commencer par fon hommage à la divinité, & voler enfuite à fes champs. Heureufe Colonie !.... Que tes idées font riantes & confolantes pour l'efpèce humaine !... Elles préfentent tous les moyens de la foulager, & ceux de faire connaître à ton Roi combien un Français peut l'aimer, s'il n'en avait pas encore fait la douce expérience ; mais plus certain encore d'être adoré dans cette contrée prédeftinée, & d'y voir multiplier des Tributaires nombreux, fidèles & vigoureux, l'intérêt du Souverain joint à celui-de fes fujets, femble exiger cet établiffement, qui par fon exécution, affurerait le défrichement de toutes les terres incultes du Royaume. La plus mauvaife terre devenue fertile, l'oifiveté ferait bannie de la France, l'abondance ferait le fruit des travaux ; le fuperflu de la nation exporté dans des pays moins favorifés de la nature, deviendrait l'échange de tout ce qui lui vient de l'étranger ; le numéraire ne fortirait point du

Royaume, & ferait le gage d'une paix durable qu'aucune Couronne n'oferait troubler. Mais il faut trouver & raffembler affez
de Colons pour réuffir dans une entreprife
qui procurerait de fi grands avantages. Les
Landes de Bordeaux étant placées dans un
défert, cette Province comme bien d'autres, ferait d'une faible reffource ; l'Au-
vergne dont le peuple nombreux naît avec
le goût des voyages, en cherchant un pays
meilleur que le fien, contribuerait en grand
nombre à la formation de la Colonie ; la
certitude d'une propriété fuffifante pour
faire vivre une famille, peuplerait d'hon-
nêtes gens ces landes immenfes. Tout
homme fufpect ou turbulent, n'aurait point
le droit de prétendre à la moindre part
de cet établiffement, dont le fuccès & la
profpérité dependraient effentiellement des
mœurs & de la probité.

Chaque infortuné des diverfes Provinces,
aurait befoin du témoignage de fon Seigneur & de fon Curé, pour obtenir de
fon Intendant une lettre d'affurance adref-

fée à .M. l'Intendant de Bordeaux , qui , delivrerait autant de commiſſions émanées de Sa Majeſté , dans leſquelles il n'y aurait que le nom du Colon à remplir. Le même nombre d'arpens pour chaque habitant ne ferait point de jaloux , & donnerait la facilité de fonder cinq ou ſix prix d'encouragements annuels , pour les ſix Colons dont la culture & les récoltes , mériteraient la préférence ſur le reſte de la Colonie. Elle ferait tenue de fournir la valeur des recompenſes taxées à ſix cent livres pour le premier , cinq cent livres pour le ſecond, quatre cent livres pour le troiſième, trois cent livres, pour le quatrième , deux cent livres pour le cinquième , & cent pour le ſixième vainqueur. Le Gouvernement ſur le rapport de M. l'Intendant de Bordeaux , protegerait de ſon regard & de ſa bienfaiſance cette nouvelle contrée pendant les trois premières années , en couronnant les ſix agricoles, & leur donnant pour Couronne ſix médailles en argent de la valeur d'un louis , préſentant d'un côté

un

un laboureur couronné par son Roi avec les numeros depuis un jusqu'à six, qui déterminerait sa place parmi les vainqueurs, & de l'autre côté les attributs de l'agriculture. Ces médailles seraient distribuées par M. l'Intendant ainsi que les prix en argent, afin de donner à la Colonie les moyens de s'établir solidement, avant de fournir la moindre contribution. A l'expiration de ces trois années, il n'y aurait qu'une médaille de même valeur aux frais de la Colonie, pour celui qui aurait droit à la première gratification. Elle représenterait d'un côté les attributs de l'agriculture, & de l'autre un Colon couronné par ses semblables. C'est ainsi que l'émulation donnerait à cette nouvelle peuplade le véritable amour de la culture. C'est ainsi que la gloire de transmettre à sa postérité des médailles glorieuses distribuées par l'ordre du Souverain, ferait en trois ans parmi des hommes grossiers, ce que plusieurs lustres ne pourraient ébaucher. C'est ainsi que la médaille annuelle donnée par la Colonie,

C

ferait naître dans le cœur du Colon le plus novice, l'efpoir confolant de la mériter un jour à force de travaux. C'eft ainfi que la certitude de convaincre tous les Colons par la force de l'exemple, & de les attacher tous à la culture du premier vainqueur, les mettrait un jour tous de niveau dans une portion de la France digne d'envie. Peut-être ce lieu maintenant fi méprifé, fera-t-il un modèle à fuivre pour le culti-vateur, un afyle de fécurité & de bon-heur fans le fecours des loix !.... Peut-être qu'un peuple compofé de cette ma-nière, & marchant ouvertement fur les traces du plus habile, ne ferait, pour ainfi dire, qu'une même famille, dont l'union parfaite ferait le fruit de la fym-pathie, que le déshonneur de déplaire à la colonie, conferverait par la crainte dans tous les cœurs !.... La Religion fuffit à l'honnête homme. Tout le rapproche de fon culte, & le force à l'aimer, quand les douceurs de la vie & fon intérêt per-fonnel, dépendent en partie des mœurs.

Oui je crois partager les réflexions d'un de ces colons, & l'entendre dire à sa femme & à ses enfans : » Je gémissais » autrefois sans fortune & sans appui. Une » conduite sans reproche m'a mérité tout » ce que je possède. Mes enfans..... » n'abandonnez jamais celui qui veille » invisiblement sur nos destinées ; puisque » sans sa bonté suprême, vous n'auriez » pas où reposer la tête. Chaque récolte » peut ajouter aux fruits de vos veilles & » de vos fatigues une récompense glo- » rieuse, & vous faire chérir par vos sem- » blables. «

Dans une vie toujours occupée, & dont la plus douce jouissance est de satisfaire à ses devoirs ; qui pourrait en altérer le régime, & se soulever contre une dépendance volontaire & réciproque, qui en ferait le bonheur, la fortune & la gloire?.... Après avoir considéré les avantages du sort de chaque colon, dont la propriété fixée à cinquante arpens, serait

fuffifante pour un ménage plus ou moins
nombreux, les conditions du cens qui
font l'affurance d'une colonie, vont entraîner des détails intéreffans. Trente lieues
de landes donnent à-peu-près cent cinquante mille arpens, qui formeraient trente
mille feux. Le cens à deux fols l'arpent,
rendrait chaque colon tributaire de cinq
livres, & la colonie débitrice de trente
mille livres annuellement. Après quinze
ans de culture, l'impôt de chaque habitant, eftimé par ménagement à cent livres,
ne ferait que la moitié de la perception
ordinaire par tout le royaume, & ferait
une fomme annuelle de trois millions.
Quand il n'y aurait que cette portion de
landes en France, exifterait-il un objet
de fpéculation plus important que celui-
là?.... Mais il découvrirait bien d'autres
fources de richeffes, puifqu'il affurerait la
culture de l'enfemble des terres vaines &
vagues du royaume. Si l'on confidère dans
un projet qui n'a rien que d'utile, puifqu'il s'agit de faire produire des terres

oubliées, l'augmentation confidérable des impôts, celle de la population la plus robufte & la plus heureufe, la richeffe inépuifable du Monarque & l'aifance de fes fujets; tous les bras de la Nation deftinés aux travaux pénibles, & dont la plupart eft oifive, retrouveront dans la douce occupation des champs, la fin d'un efclavage, dont quelques-uns ne s'affranchiffent par défefpoir, qu'en cherchant dans le crime & les forfaits, ce que la terre peut donner.

Trente mille livres de cens dès la première année de jouiffance, & trois millions d'impôts annuels après quinze ans de culture, enrichiraient un particulier, qui, avec trois cent mille livres au plus, pourrait jetter les fondemens d'une fortune auffi confidérable. Mais elle appartient au Prince, & ne peut être l'apanage que d'un Monarque..... Aucun emprunt pour le tréfor de Sa Majefté, ne produit au prêteur dix pour cent, tandis que le cens verferait cet intérêt dans les coffres du Roi. L'avantage du Monarque eft frappant fous ce fimple apperçu . . . . . Il eft immenfe avec les confidérations de l'impôt . . . . . Il eft digne d'un Roi père de fes Sujets, qui, par un encouragement augufte, fçait relever fes États, & leur donner la fplendeur digne de lui, en aug-mentant le patrimoine de tous les Fran-çais par un défrichement général . . . . .

Si les landes de Bordeaux appartenaient en entier au Roi, la facilité de les faire produire une fois connue, fuffirait pour décider cet établiffement. Mais la feule différence qui peut en réfulter, c'eft que la colonie partagée par villages, aurait des voifins, qui, finiffant par céder à la force de l'exemple, cultiveraient comme elle, en payant à des particuliers, ce qu'elle payerait au Roi. En fuppofant la propriété de Sa Majefté, limitée à cent mille arpens, le cens ne ferait que de vingt mille livres, l'impôt que de deux

millions, l'encouragement du Souverain
que de deux cent mille livres. Le Roi
ne ferait privé que du cens du tiers des
landes poſſédées par différens Seigneurs.
Le travail & le ſuccès de la colonie,
aſſureraient tôt ou tard le défrichement de
ce même tiers, qui rendrait un million
d'impôt ſans coûter au Roi cent mille
livres ; mais ſans lui rapporter dix mille
livres de cens. Il n'eſt point de Souverain qui limite ſes propriétés, quand il peut
les étendre à ce prix :.... il n'eſt point
de ſujet qui ne deſire, par ſon travail &
ſon dévouement, partager ce bien-être
avec ſon maître :.... il n'eſt point de
Français qui ne ſente mieux que toute
autre Nation, le plaiſir d'être Royaliſte,
& conſacré à l'utilité publique & perſon-
nelle. La miſe de fonds, à raiſon de trois
cent mille livres pour cent cinquante mille
arpens, ne donne que cent livres, pour
former dans l'étendue de cinquante arpens, un établiſſement. Cette proportion
paraîtra faible à tous ceux qui ne calcu-

leront pas la valeur des bénéfices des moissons, & qui ne sentiront pas qu'on peut faire en grand pour une somme proportionnelle ce que sa division en petit rendrait impossible. Un Agriculteur choisi par le Gouvernement pour la conduite de ce projet, aurait à la fin de son exécution, dépensé deux millions au lieu de deux cent mille livres. Chaque habitation reviendrait à mille livres. Il ne s'agirait d'abord que de loger des colons un peu mieux que les habitans des bois, avec des appentis pour leur bétail, leurs denrées & instrumens de labourage. Chacun augmenterait sa bâtisse à mesure que sa culture se perfectionnerait. Il puiserait dans sa source tous les besoins relatifs à son entreprise, comme le cultivateur choisi par le Gouvernement l'aurait fait dans l'ensemble des produits, pour l'exécution totale. Chaque colon serait en sûreté dans ses travaux par une ou deux digues. Il trouverait dans son ménage un couple de bœufs, les premiers comestibles pour eux & pour fa famille, une charrue, un couple de bannes, & la moitié de fa terre enfemencée; ces différens objets avec fon logement, évalués à mille livres. Ajoutez à cela le peu de fecours que chacun pourrait fe procurer de lui-même, & ce fondement de colonie ceffera d'être un problême.

Le cultivateur chargé de cette grande opération, pourrait remplir une tâche auffi glorieufe en fix ans; il acquiterait pendant ce tems la valeur du cens à raifon de l'étendue de fes moiffons. Le dépôt de tout ou partie de l'encouragement ne ferait dans fa main, que fous l'infpection de M. l'Intendant de Bordeaux; il aurait des bras à fuffire en s'adreffant aux différens Curés qui entourent cet immenfe defert. Il n'y a point de paroiffe où plufieurs charrues ne foient partie de l'année oifives par la mifère; ce ferait à ces pauvres laboureurs que les premiers travaux feraient confiés. Le meilleur traitement pour ces infortunés, joint à l'espoir de devenir propriétaires dans cette Colonie, ouvrirait noblement cette carrière, & inviterait tous les malheureux agricoles des diverses Provinces à la parcourir. MM. les Intendants secondés par les Assemblées Provinciales, peupleraient en six ans de Colons, cette terre qui leur serait préparée, & dans laquelle ils trouveraient des récoltes à faire, deux bœufs pour labourer les terres destinées à la prochaine semence & tout ce qui leur serait indispensable. Ces hommes si précieux pour l'État & maintenant oubliés, ne sortiraient de la détresse que pour verser l'abondance dans toute la France, & partager un jour le fruit de leur culture, avec des pays moins fertiles. Le Roi pendant vingt & un ans aurait reçu 420 mille liv. de cens pour deux cent mille livres d'encouragement ; la vingt-deuxième année, verserait dans son trésor trois millions d'impôts. La totalité de cette lande étant nécessairement cultivée depuis quinze ans, cet impôt n'est point exageré, puisque cha-

que Seigneur riverain de Sa Majesté aurait
un intérêt direct à faire dans sa portion,
ce que le Gouvernement ferait faire dans
l'apanage du Souverain ; il est même loin
de toute vraisemblance de supposer ce Seigneur pendant six ans dans l'inaction, telles
sont les réflexions qu'une nouvelle population dans trente lieues de pays fait naître.
Elles seroient beaucoup plus étendues si
la juste considération de l'impôt général
réparti sur la sixième partie de la France
mise en culture, était offerte au lecteur
sous tous ses rapports ; elle présente en
masse un sixième d'augmentation d'impôt,
un peuple dans l'abondance & la vigueur,
un Monarque trop heureux & trop puis-
fant dans ses États pour ne pas contenir
toutes les puissances sans leur donner des
chaînes ; mais en contribuant à l'adoucisse-
ment de leur vie, par l'exportation de son
superflu..... Gage précieux d'une paix
durable !... Quand verseras-tu le calme &
l'aisance sur la nation la plus policée ?...
Quand forceras-tu les peuples les plus grossiers, à la respecter sans oser la troubler ?...

Quand feras-tu le bonheur de ces derniers, par la largeſſe des premiers qui partageront avec eux leurs produćtions ? . . . Quand feras-tu ſentir à toutes les Puiſſances auſſi-bien qu'à Louis le Bien-Aimé , que l'hu·manité ſeule fait régner ; que la tyrannie ſeule devaſte les Etats ? O toi ! reſpećtable Colon, dont les bras peuvent ſeuls commencer ce grand ouvrage, tu recevras toutes les marques d'amour de ton Roi ! . . . Tu réuniras à la récompenſe honorable de tes ſix membres vainqueurs, l'affranchiſſement de leur cens chaque année de leur vićtoire ! . . . Ta félicité fera celle de tout un Royaume ! Il eſt tems de penſer aux ſemences & à leur uſage.

Les ſables arides & brûlants des landes de Bordeaux, tempérés & améliorés avec les engrais indiqués dans le commencement de cet ouvrage, ſeraient ſuſceptibles de toutes les produćtions. Il n'y a point de ſemence dont le germe promptement développé dans une terre en fermentation par l'oppofition de fes parties, ne rendît au cultivateur une récolte abondante; les denrées les plus précieufes devant toujours être préferées, la pomme de terre doit être la bafe de cette culture; au-deffus de tous les farineux par fa fineffe & fa falubrité, elle rend plufieurs fois la valeur des autres moiffons par la quantité de fes produits. Tous les fables lui communiquent plus de farines & plus de délicateffe; la terre la plus eftimée de nos jours, ne lui convient point autant que les terres légères; la première femble donner à la pomme une partie de fa compacité. Son ouverture, après l'avoir mife à cuire fur la braife, préfente plus de folides que de corps divifibles. Les dernières, moins avares de la quantité & de la qualité, femblent, pour multiplier ces farineux, s'être dépouillées de leur légéreté. M. Parmentier, par fa culture dans la plaine des Sablons, donne à mes expériences un appui que tout Lecteur ne peut que refpecter.

Ce mauvais fable produifant vingt à trente
feptiers de pommes de terre à l'arpent,
je laiffe à juger ce que doit rendre un
fable fertilifé par la nature des engrais.
Afin de donner une idée jufte de l'impor-
tance de ce farineux, il fuffit de prouver
que la meilleure prairie eftimée dans toutes
les provinces deux fois plus cher que la
meilleure terre à labour, ne produit que
la moitié de la plus mauvaife terre labou-
rable, confacrée à la culture de la pomme
de terre & du maïs. J'ai eu l'honneur
d'occuper fur cette matière plufieurs Co-
mités d'Agriculture, préfidés par M. de
Vergennes, pendant les mois de Juillet,
Août & Septembre 1785. L'accueil conf-
tant de tous les Membres du Comité,
jufqu'à la clôture du dernier, la juftice
rendue à toutes mes affertions, l'examen
férieux & profond que l'on m'a fait fubir
& dans lequel j'ai trouvé de nouvelles lumières, m'ont fait naître l'efpoir confolant de donner à ma Nation mes décou-
vertes fur l'Agriculture. La démonftration

de la préférence que mérite la pomme de terre sur tous les farineux, sera le sujet de l'article suivant.

Cent cinquante perches de vingt deux pieds la perche, dans le meilleur fonds d'herbage ou de prairie, ne font que suffire à l'engrais d'un bœuf. La même étendue, dans une terre dont la nature n'était qu'un sable brûlant, m'a donné, en 1781, la plus riche moisson de pommes de terre & de maïs. Le mélange de ces deux farineux a parfaitement engraissé en moins de deux mois, deux bœufs destinés pour la bouche de Sa Majesté. Ils ont fait les délices de la table du Roi pendant le mois d'Avril 1782. Des mémoires présentés à ce sujet à M. d'Ormesson, chargé pour-lors du département de l'Agriculture, lui firent desirer les moyens de me mettre en activité. Ce suffrage, ainsi que celui de M. de Vergennes, ne pouvant exister sans motifs, seront dans la description de mes expériences, ce que les ombres font au tableau. Un jeune Ecrivain donne à la vérité de ses écrits bien de la force, quand il sait, comme un Peintre, faire ressortir ses couleurs dans un jour favorable. J'ai moins à redouter la demi-croyance. L'incertitude ne suspendra point des travaux dont je desire inspirer le goût à tous les Français.

Le simple exposé de deux bœufs engraissés avec les farineux récoltés dans l'espace de cent cinquante perches de terre ; les semences abondantes qui me restaient de cette même récolte, la comparaison établie entre les terres labourables & les prairies, font preuve de la plus grande économie. Le Roi se ressouvient encore de cet aliment exquis dont il est constamment privé. Cette raison si puissante sur le cœur d'un Français, fait le charme de ma retraite. Les garans respectables que j'ai cités pour le développement de mes principes, fondent mes espérances. La certitude d'être utile aux propriétaires,

propriétaires, me fait un preſſant devoir de leur offrir mes obſervations. L'eſſai que chacun pourra faire par lui-même, me répondant de ſon eſtime, je ne connais point de bonheur égal à celui d'écrire ſur cet objet, qui peut un jour enrichir la France. Après avoir démontré l'économie par la différence des produits de chaque ſol, & l'engrais de deux bœufs contre un, il faut encore la rendre plus ſenſible par la comparaiſon de chaque animal. La qualité des denrées leur donnant plus ou moins de poids, les bœufs engraiſſés avec la pomme de terre & le maïs, pèſent un ſixième de plus que leurs ſemblables, qui préſentent ſur pied le même volume. Chaque livre recèle des ſucs plus précieux & plus délicats. L'enſemble de l'animal offre, dans ſon dépiécement, la fineſſe & la peſanteur. Le collier du bœuf toujours maigre, eſt dans celui-ci ſillonné de veines graſſes, qui font juger de la perfection de l'engrais. La couverture du bœuf offre un tiſſu qui fait deſirer l'ouverture de l'a-

D

nimal. Son dedans, plus ferme & plus blanc, n'eſt point flaſque & vide, comme dans la plupart des bœufs. Son jus, ſans le ſecours d'aucun mêlange, fait le meilleur conſommé. La ſupériorité de cet engrais ſur tous les autres, donne une preuve ſenſible de ſa ſalubrité. Telles ſont les obſervations que pluſieurs eſſais m'ont fait faire. Il en réſulte la multiplication d'un ſixième de livres, ſans parler de celle de l'eſpèce qui ſera démontrée dans ſon tems. Elle eſt également multipliée par ſa qualité, qui profite beaucoup plus que celle d'un bœuf d'échantillon, engraiſſé dans les meilleurs pâturages. Après avoir donné preuves ſur preuves de la perfection économique de la pomme de terre & du maïs pour l'engrais des bœufs, il eſt intéreſſant d'établir que la préférence de cet engrais peut devenir la ſource inépuiſable de toutes les autres denrées par toute la France. Elle ſeule peut donner à chaque production toute la qualité dont elle eſt ſuſceptible:.... elle ſeule peut empêcher la France d'être menacée de l'épuisement des fourages, comme elle le fut en 1785:.... elle seule peut éclairer les Laboureurs par la conviction des moissons. O! toi! respectable colon!.... quand verrai-je tes yeux étonnés fixés sur des landes que tu foules maintenant à tes pieds?.... Quand verrai-je leur fertilité te rendre attentif à leur culture? Moment si desiré, c'est toi qui fixeras l'époque de la fortune nationale!.... Passons aux détails de cet engrais, & des suites heureuses qui doivent en résulter.

La terre est aussi prodigue du maïs que de la pomme de terre : la même culture convient à ces deux farineux; leur mélange variant le goût de l'aliment, réunit à cet avantage celui de communiquer des sucs infiniment délicats. J'expliquerai dans la suite la manière de les ensemencer, de les récolter, & de les mêlanger ou séparer pour les bœufs, porcs & moutons.

Afin d'établir un calcul raifonné de la valeur des terres en friche par tout le royaume, il faut commencer par apprécier les produits que pourraient donner les landes de Bordeaux. En les prenant pour bafe de l'évaluation des autres communes, le Lecteur ne pourra que la juger trop faible. On ne connaît point, par toute la France, de terre en friche auffi ingrate que celle de Bordeaux. Trente lieues d'efpace, ou cent cinquante mille arpens d'étendue, peuvent fournir un jour l'engrais de cent cinquante mille bœufs, autant de porcs & trois cent mille moutons. L'entreprife eft grande, fans être difficile : tout dépend d'un encouragement dont les avantages multipliés pour le Monarque, font détaillés dans la première partie de cet Ouvrage. Le cens, l'impôt & le tréfor de la culture, font trois motifs fi puiffans, que l'un des trois fuffit pour décider ce travail. La fituation des finances forçant de recourir à des emprunts, loin d'éloigner cette opération, vu la néceffité d'une mife de fonds, femble la demander de plus en plus. Encouragement digne du plus grand des Bourbons ; c'eft toi feul qui faifant triompher l'Agriculture, dont la fource eft l'unique fortune du Prince & de fes Sujets ; c'eft toi, dis-je, qui remettras l'équilibre entre la recette & la dépenfe du Monarque, & qui finiras par le combler de tous les dons..... Le feul impôt de tes moiffons dans des terres maintenant couvertes de mouffes & de bruyères, acquittera toutes les dettes nationales. Chaque Français te devra fon aifance & fa profpérité. Le principe de ce bonheur émanant du Souverain, deviendra le plus ferme appui du Trône, & le plus fûr garant de l'amour & de la reconnaiffance du Sujet pour fon Maître..... Liens facrés, dont les nœuds font fi chers, par vous feuls la gloire enchaînée, fut, & fera plus encore, l'apanage inféparable de la Couronne. Paffons aux preuves.

D 3

La France contient environ vingt-sept millions d'habitans, dont la consommation en bœufs, porcs & moutons, monterait à deux millions soixante & dix-neuf mille bœufs, onze millions trois cent quarante mille moutons, trois cent quatre-vingt-huit mille huit cents porcs, si celle de la ville de Paris pouvait servir de base proportionnelle à ce calcul. Elle est nécessairement beaucoup moins forte dans toutes les campagnes, du moins pour les bœufs. Mais en la supposant égale dans toutes les parties du royaume, il en résulterait que les landes de Bordeaux fournissant l'engrais de cent cinquante mille bœufs, autant de porcs & trois cent mille moutons; la totalité des landes & communes consacrée à l'engrais de ces animaux, fournirait bien au-delà des besoins de la France. En effet, en réduisant l'engrais des cent cinquante mille porcs à celui de quatorze mille quatre cents que consomme la ville de Paris, & faisant servir à l'engrais des bœufs & des moutons celui de cent trente-cinq mille six cents porcs, il eſt aiſé de voir combien quatre mille bœufs de plus conſommeraient de cet aliment. Un bœuf mange autant que dix porcs, en obſervant qu'il ne s'agit ici que de la conſommation des farineux, & que le porc eſt aux deux tiers engraiſſé avec d'autres alimens qui ſe trouvent de rebut dans chaque ménage, & que tout autre animal ne pourrait conſommer. Quatre mille bœufs exigeraient autant de farineux que quarante mille porcs; ce qui réduit l'engrais des porcs à quatre-vingt-quinze mille six cents, en portant le nombre des bœufs engraiſſés à cent cinquante-quatre mille. Un porc mange autant que dix moutons. Cinq cent quarante mille moutons de plus, dépenſeraient l'engrais de cinquante-quatre mille porcs ; ce qui ne laiſſe plus que la poſſibilité d'engraiſſer quarante & un mille ſix cents porcs. Enfin, pour trouver dans les landes de Bordeaux deux fois l'engrais néceſſaire aux bœufs, porcs & moutons que la ville

D 4

de Paris confomme chaque année ; réduifons encore les quarante & un mille fix cents porcs au nombre de vingt-fept mille deux cents porcs, dont les alimens pourraient fervir à pourvoir abondamment aux menus comeftibles des baffe-cours. L'éducation & l'engrais des volailles, faifant vivre dans bien des pays quantité de pauvres familles, chaque colon pourrait tirer un grand parti de la fienne, la patate & le maïs lui communiquant le goût le plus recherché. En fuppofant les landes de Bordeaux cultivées en totalité chaque année, elles fourniraient aux befoins de deux millions d'habitans. Mais afin de préfenter cet apperçu avec toute la modeftie qu'exige un calcul auffi général, ne confidérons les landes de Bordeaux que fuffifant aux befoins de ces trois denrées pour la ville de Paris, & faifons fervir cette réduction à procurer à chaque colon la facilité de cultiver du froment, du feigle & de l'avoine. Les fix prix deftinés pour les cultivateurs qui fe diftingueront par leurs travaux , les obligeant de préférer les meilleures cultures , il eſt naturel de croire que les ſemences les plus eſtimées, ſeraient les ſeules employées dans la co-lonie. Après avoir réduit toutes les den-rées produites par les landes de Bordeaux , à pourvoir ſuffiſamment de leur eſpèce la vingt-ſeptième partie de la Nation, il me reſte à établir qu'il exiſte dans tout le royaume vingt-ſix fois autant de landes , ſoit par leur étendue , ſoit par leur qua-lité. Il eſt inconteſtable que la ſupériorité de toutes les autres landes demande beau-coup moins d'eſpace pour produire autant ; mais en ſuppoſant que cet eſpace fût né-ceſſaire pour fournir à la France ces trois denrées, il eſt même plus grand ; en voici la preuve.

Il eſt à-peu-près reçu que la ſixième partie du royaume eſt en friche. Cette ſixième partie cultivée, donnerait un ſixième d'impôt de plus. Les landes de Bordeaux ne donnant au Roi que trois millions

d'impôt ; les autres, malgré leur fupério-
rité, taxées faiblement fur le même pied,
verferaient dans le tréfor trois fois vingt-
fix millions qui, faifant avec les trois millions d'impôt des landes de Bordeaux,
quatre-vingt-un millions, ne fuppoferaient
que fix fois la même fomme dans le tréfor
annuel de Sa Majefté ; ce qui eft très-
inférieur à fa valeur. Le Roi n'aurait fur
ce pied que quatre cent quatre-vingt-
quatorze millions, tandis qu'il en pofsède
plus de fix cents. Il réfulte de cette vérité, qu'au lieu de quatre-vingt-un millions, toutes les terres en friche produiraient à Sa Majefté plus de cent millions
d'impôt. La plus mauvaife terre confacrée
à la culture du maïs & de la pomme de
terre, étant au-deffus, par fes moiffons,
de la meilleure prairie ; il eft impoffible de
trouver l'apprécie du produit de ce défrichement général exagérée. Cent millions
d'impôt, fuppofent un million de cens,
en ne l'eftimant dans les meilleures landes
qu'à deux fols par arpent, comme à Bor-

deaux. Tels font les avantages innombrables que le Roi peut un jour partager avec ses Sujets. Le feul encouragement pour les landes de Bordeaux, fuffifant pour toutes les autres parties de la France, le fuccès de cette colonie rendrait les communes de chaque province précieufes à tous fes habitans. La prudence & l'autorité de MM. les Intendans & des Affemblées provinciales, ne ferviraient tout au plus qu'aux conditions du cens, à raifon de la valeur de chaque lande. Le Seigneur & fes Vaffaux convoiteraient dans chaque paroiffe les terres en friche qui les avoifineraient. L'exemple de la colonie, en confommant ce grand ouvrage, ne laifferait que des regrets à ceux qui n'y pourraient participer. C'eft ainfi qu'un feul effort du Gouvernement peut faire recouvrer à la France toutes fes forces, en la rendant même plus puiffante qu'elle ne le fut jamais dans le moment de fa fplendeur. Louis XIV enchaînait à fon char toutes les couronnes du monde par la gloire des combats ; Louis XVI , en fuivant les mouvemens de fon humanité , peut un jour , par la fource intariffable de fes richeffes & la multiplication de fés Sujets, fournir à l'univers le gage d'une paix univerfelle. Médiateur entre les puiffances qui oferaient y porter atteinte entr'elles , trop redoutable pour être jamais attaqué , trop aimé par toutes les nations qui chériffent dans tous les Souverains leur amour pour leurs Sujets , pour ne pas au befoin difpofer de leurs forces , la France un jour peut régner fur le monde entier, fans répandre des flots de fang , mais en faifant refpecter le repos & la vie des humains. C'eft alors que le commerce libre & fans inquiétude , affurerait le bonheur & l'aifance de toutes les contrées. Trois cent mille livres au plus, fuffiraient à l'entreprife la plus glorieufe pour la France & la plus impofante pour forcer les autres Souverains , à refferrer de leur côté les liens d'une concorde univerfelle.... État d'union fi fait pour les hommes , & le feul digne de leur création..... État que le tems rendrait plus parfait, à en juger même par celui où les hommes sont parvenus. Après avoir développé le germe de la fécondité dans des terres en friche, en les destinant à l'engrais de tous les bestiaux, il me reste à établir que les prairies & herbages n'en deviendraient que plus précieuses & plus riches. Je prouverai en même tems que leur usage actuel ne convient point à la qualité de leurs productions. Ces deux objets rempliront l'article suivant.

La primeur des meilleures prairies & herbages, est maintenant réservée pour l'engrais des bœufs & vaches : la seconde dépouille est pour les chevaux, moutons, cochons & genisses. Les regains d'Octobre après la récolte des foins, sont arbitrairement destinés pour les bêtes que l'on engraisse, ou pour les vaches à lait. De cette multiplicité d'animaux à nourrir, résulte l'impossibilité d'alimenter parfaitement cha-

que espèce.... De la préférence donnée
aux bœufs, résulte la médiocrité & le petit
nombre des élèves..... De cette médiocrité, résulte la nécessité d'ignorer le degré de perfection dont un bœuf est susceptible. Sevré dans son maigrage, arrêté
dans son accroissement par une nourriture
épargnée, on lui donne pour engrais ce
qui ne convenait qu'à son éducation, &
qui ne peut lui communiquer des sucs
aussi précieux & salubres, que les farineux
les plus délicats. Quelle comparaison établir entre la farine de la pomme de terre
& les herbes nouvelles d'un pré?.... La
plus riche verdure ne recèle que des sucs
éphémères propres à faire des élèves parfaits & bien en chair. Aussi le bœuf qu'elle
engraisse, ne peut souffrir la comparaison
avec celui qui est engraissé avec la pomme
de terre & le maïs :.... le premier présente des graisses plus jaunes & plus flas-
ques, & des maigres sans la moindre filan-
dre de graisse ; le second offre tout le contraire. Cet extérieur prouverait la diffé-

rence, si elle n'était physiquement sentie.
Ce qui produit le laitage & le beurre, ne
peut convenir à perfectionner des substances solides : .... ce qui fait un engrais
parfait, ne peut convenir à des vaches à
lait. Je suppose des vaches à lait que l'on
mettrait à la nourriture des pommes de
terre & du maïs, à la sortie du meilleur
pâturage ; elles cesseraient en bref de
donner du lait, & seraient en peu de tems
engraissées. De deux alimens aussi opposés,
l'un est nécessairement préférable à l'autre.
Celui dont les parties sont trop précieuses, pour convenir à des productions li-
quides, justifie sa supériorité sur l'autre en
fait d'engrais. Elle est encore prouvée par
la pesanteur de l'animal qui présente sur
pied le même volume. La richesse des
prairies & herbages, ne dépend donc point
de l'engrais des bœufs & des vaches. Les
seules denrées qu'elles perfectionnent,
doivent en faire le plus grand revenu. En
effet, rien ne produit tant à l'herbageur
qu'une vacherie..... Que rendrait-elle, si

les meilleurs pâturages lui étaient réfer-
vés?.... Elle mefure fon produit avec
celui des bœufs engraiffés dans les meilleurs pâtu es ; elle le furpaffe fouvent!.... Ne doublerait-elle pas la fortune de l'herbageur dans la première pouffe
des herbes ? C'eft-là qu'un taureau vigoureux deviendrait le fûr garant de la multiplication & de la perfection de l'efpèce.
La geniffe, beaucoup plus forte que fa
mère, fixerait les yeux fatisfaits du propriétaire, & lui ferait chérir le nouvel
ufage de fa propriété. Mais il eft des cantons, où les laitages & les beurres, ont
peu de qualité, où la vache à lait eft
du plus mince produit, où le propriétaire n'en a que pour les premiers befoins de fa vie. Ces fonds peuvent fervir à la fourniture des fourages, à la
multiplication & perfection des chevaux,
fi dégénérés par les mauvais pâturages.
L'herbe trop graffe ne convenant point
aux vaches à lait, ne redoute point la
dent des chevaux qui amaigrit le fonds.
Le

Le commerce de ces animaux, que la fortune
de chaque particulier rend plus ou moins
conféquent, deviendrait confidérable par l'a-
bondance que la culture verferait dans toute
la France. La qualité des chevaux, ainfi que
leur multiplication, empêcherait le Français de porter fon numéraire en Angle-
terre, & quelquefois en Efpagne & en Dan-
nemark, pour s'en procurer de plus beaux
& de plus parfaits. La Normandie, dont
le haras eft renommé, le difputerait à tous
les pays. L'herbageur, jaloux de mériter
la préférence fur l'étranger, n'aurait que
des jumens d'élite. L'étalon, plus parfait
& plus vigoureux, rendrait en fix ans la
France, le pays des plus beaux & des
plus forts courfiers. Si les chevaux anglais
de felle ont le mérite de la légéreté &
de remporter le prix des courfes, il ferait
facile d'en propager l'efpèce en France,
& d'ajouter à fa perfection. Le caroffier
Normand eft auffi eftimé que l'Efpagnol.
Il le ferait bien davantage, quand la meilleure herbe ferait fa nourriture. Dans

E

toutes les parties de la France, le pays d'herbage offrirait les premières reſſources. La plus belle vacherie deviendrait, par ſes élèves, l'eſpoir du colon, dont la culture tendrait à faire triompher l'herbageur de ſes ſoins. L'un & l'autre ne pouvant aſſurer leur fortune, qu'en travaillant pour leurs intérêts réciproques, cet accord néceſſaire maintiendrait dans toutes les entrepriſes agreſtes, cette noble émulation, qui ſeule en fixe la valeur. Les herbages les moins propres aux chevaux, ſeraient la pâture des vaches à lait, des geniſſes & des jeunes porcs. L'éducation des moutons, ſe ferait en partie comme aujourd'hui, ainſi que dans les prairies deſtinées aux chevaux. Le cheval laiſſe par place des touffes d'herbes qui ſe defsèchent; le mouton broute tout ce qu'il trouve, & répand dans des terres trop graſſes des ſels chauds & vivifians, qui en font toute la qualité. L'herbe plate finit par devenir ronde, plus ferme & plus nourriſſante. Tous les jeunes bœufs, porcs & moutons,

venant peupler les landes & communes,
laisseraient aux herbageurs toutes les autres
denrées, dont le produit immense les con-
solerait d'un partage qui ferait une partie
de leur revenu. De cette combinaison de
travaux raisonnée sur le genre du sol,
naîtrait la supériorité de tous les produits
de la France sur les autres nations. L'a-
bondance des beurres, laitages, suifs,
laines & cuirs, concourrait à la multiplication des comestibles & du vestiaire. La
chandelle ne se vendrait pas dix-sept sols
la livre, comme aujourd'hui. Sans appor-
ter le moindre changement dans des terres
maintenant cultivées, la multiplication du
pain serait le fruit de celle des viandes,
dont la consommation à la portée du
moindre artisan, du simple journalier, di-
minuerait celle du froment. Chaque habitant des landes y récolterait celui dont il
aurait besoin, tandis que la meilleure
culture introduite par-tout, doublerait les
moissons de froment dans les champs, où
le Laboureur, depuis long-tems, croit

faire des miracles. Peut-être finirait-il par reconnaître l'abus d'ensemencer ſes petits grains, comme le ſarazin, l'orge, &c. & peut-être donnerait-il la préférence à la pomme de terre & au maïs ! C'eſt alors qu'en multipliant ſon froment dans la même étendue, ſes autres cultures concourant au même principe de fécondité que les landes, la France ſerait par néceſſité la mère nourrice des pays les moins fertiles. Elle conſerverait dans ſon ſein les comeſtibles les plus recherchés, qui deviendraient pour elle un aliment ordinaire, & qui feraient à jamais les délices des autres nations. Sans réduire la quantité des ſemences de froment, dont les pailles font les meilleurs fumiers, tous les beſtiaux feraient engraiſſés par d'autres farineux. La ſemence des ſeigles en petit, ſerait toujours néceſſaire pour fournir les liens indiſpenſables à la récolte du froment. Le ſeigle mêlangé avec le froment, procure un pain toujours frais que les habitans des champs aiment aſſez. Tel eſt le meilleur emploi de ce farineux, dont l'usage, sans celui de la paille, serait moins précieux & utile que tout autre. L'impossibilité de posséder par-tout des terres opposées les unes aux autres dans leur voisinage, rend l'usage des fumiers de première necessité dans certains pays. Ils peuvent généralement féconder toutes sortes de terres, mais d'une manière bien inférieure à la réunion de deux terres opposées. Si elle était possible par-tout par la proximité, la paille de froment ne devrait servir qu'à la pâture des animaux. La fermentation qui résulte de l'opposition des substances, justifie ce principe. Plusieurs expériences m'ont convaincu de cette vérité. Avant de passer aux réflexions qui font la suite immédiate de la culture actuelle comparée à celle que je propose, je parlerai des améliorations des prairies & herbages, dont je n'ai présenté que les produits. La richesse de la prairie ne dépend point de la quantité de ses herbes, mais de leur nature. La meilleure est ronde, & souvent mêlée de trèfle rouge. Cette herbe ſuppoſe plus de ſels dans la terre que de parties graſſes. Le fumier du cheval, le parcage du mouton pendant l'hiver ou le tranſport de ſes fumiers, conviennent à toutes les prairies. Les autres ne font qu'en multiplier la moiſſon, en la privant de ſa qualité. La chaux eſt, de tous les engrais, celui qui en augmente davantage la valeur. Parmi les diverſes méthodes de l'employer, j'expliquerai deux manières uniques de la préparer avec ſuccès dans les terres à labour; mais il n'y en a qu'une pour les prairies & herbages : la voici . . . . .

Le propriétaire qui a des foſſés ou des étangs à vider, peut tirer le plus grand parti de ces terres, quand elles ſont un peu ſéchées. Afin de rendre ce travail plus utile, on doit le faire à la fin de Février. Les premiers rayons du ſoleil pompent les parties trop humides de ces vidanges & les vivifient. Plus diſpoſées à ſe diviſer, le journalier peut en Mars les aſſembler en tombe faite en dos d'âne, en obfervant de rendre fon fommet très-pointu. Les côtés de la terre dans une parfaite inclinaifon, en reçoivent avec plus de fruit les impreffions du foleil. Les terres, dans cette pofition, font en état en huit jours de recevoir la chaux dans leur fein : on ouvre le fommet de la tombe, comme pour y planter du céleri. Alors on remplit ce rayon de pierres de chaux fortant du fourneau, & l'on en proportionne la quantité à la maffe des terres. Une feule pierre par place fans interruption fuffirait à une tombe de trois pieds de largeur dans fa bafe, fur cinq d'élévation. Telle doit être à peu près la conftruction géométrique de la tombe propofée. D'après cette règle, il eft aifé fur un plus grand volume de terre, d'augmenter celui de la chaux proportionnellement. Le rayon doit être formé fur l'heure, en donnant à la tombe fa première forme. La moindre pluie ne permet point cet ouvrage. En quarante-huit heures au plus, la chaux doit être fufée.

E 4

Mais comme il exifte des terres qui la
confervent plus long-tems entière , on
peut s'affurer du degré de fufion en ou-
vrant le commencement du rayon. Quand
on ne trouve plus que de petites pierres,
il eft tems de former une nouvelle tombe
en mélangeant la chaux avec la terre. On
commence par l'une de fes extrémités,
fans la changer de place. Si le propriétaire eft tardif dans cette entreprife , & que
les herbes commencent à pouffer, il faut
la voiturer fur le champ de diftance en
diftance comme des fumiers , & la répandre
fans délai. Le tems étant humide, il fau-
drait attendre qu'il fût plus favorable. Un
cultivateur vigilant qui pourrait conferver
fa tombe pendant quinze jours avant de
la porter, qui n'aurait point à redouter les
premiers efforts du printems fur la verdure naiffante , n'en ferait que mieux par
les raifons données de l'effet de l'aftre du
jour fur les terres qu'il fertilife par fon
influence. Dans l'un & l'autre cas , il eft
bien certain de jouir du fruit de fes peines,

& d'admirer en Mai les touffes d'herbes multipliées dans fa prairie. Eût-elle été fi oubliée, que la mouffe aurait pris la place du gazon, la chaux détruirait cette mouffe pour toujours, ainfi que les mauvaifes herbes. La prairie deftinée à produire des fourages, eft avec cet engrais moins fujette à la verfe. Chaque production ayant des rapports avec le genre d'amélioration qui en décide l'accroiffement, le fumier multiplie des herbes graffes & fans confiftance, tandis que la chaux, par fes parties vivifiantes, leur donne de la force & de la qualité. Auffi ce fourage merite tellement la préférence fur l'autre, que fon ufage pour toutes fortes d'animaux, les rend plus vigoureux que celui des autres foins venus à force de fumiers ou fans engrais. L'avoine que l'on donne aux chevaux deux fois par jour en les nourriffant avec des foins médiocres, ne peut leur faire le même bien, que la fimple nourriture des foins les plus eftimés. La confommation d'avoine eft très-confidérable.

Les terres qui la produisent, pourraient être plus richement enfemencées. Le tiers du terrein qui est employé à cette culture, pourrait raisonnablement pourvoir aux befoins de cette denrée. Les deux autres tiers feraient deftinés aux femences du maïs & de la pomme de terre. Ajoutez à cet efpace celui qui est facrifié à l'ufage des petits grains ; exceptez-en feulement un peu de terrein pour le feigle, & fans diminuer l'étendue de la culture ordinaire du froment, enfemencez dans tout le refte les farineux qui doivent engraiffer les beftiaux; & ces moiffons réunies à celles des landes & communes, finiront par exiger le commerce de leur fuperflu avec l'étranger.... Époque floriffante de la fortune nationale..... Époque glorieufe pour un Souverain qui l'aurait fait naître par fa générofité..... Époque dont la feule idée fuffit pour faire le bonheur contemplatif de celui qui en préfente l'image..... Quand feras-tu la récompenfe de tous les cultivateurs occupés de t'offrir aux defirs de la France?... Ce fera quand toute la Nation ne préfentera de terre en friche, que la terre du potier & celle où la pierre rend tout impoffible.... Ce fera quand le plus malheureux des Français trouvera fa fubfiftance avec fa famille dans la multiplicité des denrées & des travaux.

La prairie deftinée à la pâture des chevaux ou vaches à lait, ainfi que des élèves, étant améliorée comme je viens de l'expliquer, doit être confervée jufqu'à la mi-Mai, avant d'en commencer la dépouille. Alors les terres chaulées ont pris nature de fonds, & font gazonées de manière à promettre des herbes, jufqu'à la fin de l'automne, fi l'herbageur proportionne raifonnablement le nombre des animaux à l'étendue, fuivant l'ufage du pays qui eft relatif à la valeur du fonds.

La préparation de la chaux eft à la portée de tout le monde, puifqu'au défaut des vidanges ou des boues, il peut fe fervir de la propre terre de son champ, en évitant de choisir des terres pierreuses qui couvriraient une prairie de cailloux ; mais en préférant les terres mortes ou entières, dont le mêlange avec la chaux finit par ne présenter qu'une poudre blanche si divisée, que ses parties solides ne sont plus que des esprits volatiles, qui assurent la fertilité de la prairie qui les reçoit.

Mais si le pays est sans pierres pour faire la chaux, l'usage des tangues, marnes, ou des cendres de couche sans aucun mêlange de terre, est le meilleur engrais. Il est bien inférieur à celui des terres chaulées, & bien au-dessus de tous les fumiers. L'ignorance des campagnes décide la plupart de ses habitans à n'améliorer que les terres labourables. Il est rare d'y voir engraisser des prairies. On y calcule comme profit de posséder un bien qui produit toujours sans main-d'œuvre & mise d'engrais ; & l'on ferme les yeux sur son dépérissement, ou sur la médiocrité de sa pouffe. On ne fait pas apprécier le réfultat des améliorations, qui, dès la première année, font acquittées par la valeur du meilleur pâturage qu'elles ont donné. C'eft ainfi que la crainte de dépenfer pour cultiver, ruine celui qui ne tend qu'à l'économie….. C'eft ainfi que le propriétaire le plus riche qui ne remédie pas à tant d'inaction par la force de l'exemple, ne doit point efpérer de voir fon fermier prendre le deffus d'une mauvaife culture, à laquelle il tient par manie. Le Tréfor Royal en fouffre, un Royaume puiffant devient obéré, le Sujet crie contre les impôts ; on emprunte pour acquitter la dette nationale ; & quelque fageffe qui préfide à ces opérations, de nouvelles dettes prennent la place de la première, les embarras fe multiplient & fe multiplieront jufqu'au moment où l'on donnera de la valeur à tout ce qui n'en a point affez ou point du tout ; jufqu'au moment où la plus grande production de la terre, fera connaître l'immenfe revenu du Souverain & de ses Sujets. Cette source est celle de toutes les fortunes ; il est donc inutile de puiser ailleurs pour trouver ce qu'elle seule peut donner. Divine Agriculture !.... toi que les plus grands honneurs encouragent dans des pays moins instruits ;.... à quoi sert la science, quand on ignore la tienne ; quand on ne sait pas que tu multiplies l'or qui passe en améliorations, comme tu multiplie les semences ?.... Moment heureux pour sortir de cet état d'inertie !.... Moment où le bien général fixe tous les regards !.... Jamais tu n'as donné plus d'espérances à la France !.... Animé par cette douce persuasion, passons aux dernières réflexions sur la chaux dans les terres cultivées.

Il y a bien de la différence entre les terres labourables, les prairies & herbages ; ces derniers attendent toute leur vigueur de la chaux, tandis que la plupart des premieres deviendrait avec cette amélioration moins susceptible de culture. Les sables brûlants sont ceux auxquels elle serait plus nuisible, tous les autres en souffriraient aussi. Les terres trop légères dont la couleur est ordinairement plus grise que foncée, généralement toutes les terres trop pulvérisées, doivent être engraissées avec les contraires ; les cendres, tangues ou marnes, ne conviennent point à cette culture. Les détails sur les landes de Bordeaux, annoncent les améliorations qui peuvent fertiliser des sols de cette nature. J'y ajouterai la citation d'un engrais dont je n'ai pas encore parlé ; il ne doit être considéré fructueux que pour les sables sans cailloux, qui sont moëleux au tact, rouges ou jaunes foncés, pour les terres trop légères & même pour les sables brûlants, quand ils sont rafraichis par l'argile : c'est le simple transport des terres mortes ou entieres, dont le mélange avec un sol trop tamisé, fait un corps de terre parfait, cela ne coute que les frais de voiture ; il ne s'agit que de répandre une terre sur l'autre. La fertilité sera la suite de ce tra-

vail qui doit être fait avant le premier tour
de charrue, afin que la mixtion des terres
foit plus entière, & que leur fermentation
les prépare au développement des femences qu'on doit leur confier. En fuivant ces
diverfes méthodes d'améliorer tous les fables & les terres légères, les cultivateurs
découvriraient une fource de richeffes ; les
fables ne produifant rien, le Gouvernement peut apprécier cette perte réelle pour
l'État ; il peut fixer fes regards fur la plaine
des fablons. Les papiers publics ajoutent
à ce nouveau fuccès de culture, l'intérêt
de fon amour dans les différentes parties
de la France. M. l'Intendant de Paris ne
ceffe à cet égard de donner des preuves
de fon zèle & de fon patriotifme. Un Miniftre qui préfide fur tous les befoins de
la nation & fes reffources, & qui voit le
bien en grand, ne fe contentera point de
celui que M. Parmantier ne pouvait faire
qu'en petit ; un encouragement fi médiocre en comparaifon de fes fruits, ne fera
point un obftacle invincible au rétabliffe-
ment

ment des Finances. Le Roi ne fera point privé des aliments dont l'efpèce a déjà fait les délices de fa table en mil fept cent quatre-vingt-deux.

Leur falubrité jointe au goût le plus recherché ; leur économie jointe à l'abondance qui en réfulterait pour toutes les autres denrées, fixeront la fageffe du Miniftre & les intérêts d'un Monarque jufte & bienfaifant.

Il eft maintenant queftion des terres labourables que la chaux doit fertilifer ; elles font faciles à connaître par l'Explication de celles auxquelles cette amélioration eft contraire ; elle convient fans exception à toutes les autres. Heureux font les pays qui ne font point privés de ce premier principe de fécondité ; j'en donnerai la raifon en prenant pour exemple la Province de Bourgogne. Il eft impoffible fans la chaux de divifer les terres fortes qui forment la meilleure partie de fon

F

glêbe ; mes obfervations à ce fujet jointes à celles des abus que j'y ai remarqués, exigeront bien des détails.

On fait de la chaux en Bourgogne fans en connaître l'utilité ; elle y eft jugée peu propre à fertilifer la terre, ceux qui favent apprécier fa valeur, n'en connaiffent point la manutention. Il eft rare dans une paroiffe qu'il y en ait ailleurs que dans quelques jardins ; un propriétaire au milieu d'une multitude qui ferait fâchée de l'imiter, engraiffe un arpent de terre avec la chaux. Il fe contente de répandre des pierres de chaux dans fon champ, & de les laiffer fufer fans les couvrir de terre. Un quart-d'heure de pluie, peut au moment qu'on s'y attend le moins, en faire du mortier. En fuppofant que le beau tems donne à fes parties le tems de fe réduire en poudre, l'évaporation en a diffipé tous es fels, & le laboureur ne poffède tout-au-plus qu'une pouffière dont chaque grain épuifé, ne peut agir que fur le peu de

terre qu'il touche immédiatement. L'air &
le soleil ont aimanté ce que la chaux a
de vivifiant : son action n'a plus la force
communicative ; les terres ne font point
électrisées par celles qui font mélangées
avec elle. La prodigalité de cet engrais
ainsi préparé, ne peut valoir la moindre
quantité dont le cultivateur fait confier à
la terre les prémices. L'usage des tombes
au-deffus de tous les autres, est annoncé
à l'article des prairies. Il en existe un autre
qui ne peut avoir lieu que dans les terres
à labour. Il préfente l'économie ; mais
produit moins que la distribution d'une
tombe dont la masse des terres est vivifiée
par l'action de la chaux, & ne fait plus
qu'un corps avec elle. En effet, on voit
la tombe se fendre quand la chaux com-
mence sa fusion. Ses côtés comme son
fommet rendent au cultivateur un compte
fidèle & intéressant de la fermentation
qui agit en dedans. Elle est plus sensible
quand on ouvre les terres, pour renouveller la tombe. On voit une partie de la

chaux qui a quitté fon lit, & qui a pé-
nétré bien avant dans les terres ; d'où il
faut conclure qu'une tombe donnant plus
d'efpace pour ce travail interne qui con-
centre les efprits de la chaux, doit être
préférée à toute autre manière de préparer cet engrais.

Le fecond moyen eft moins coûteux ;
le voici. On diftribue de place en place
de la chaux dans un champ, au moment
où elle fort du fourneau. On met deux
ou trois pierres enfemble fuivant fa groffeur, de manière qu'une queue de chaux
puiffe fuffire par arpent. On couvre auffi-
tôt ces pierres avec de la terre en forme
de pain de fucre très-pointu. Ce travail
fait dans un tems favorable, le lendemain
la chaux paraît fur le fommet ; & fi le
cultivateur y ajoute de nouvelles terres,
elle en prendra toujours le deffus ; mais à
la feconde fois il eft tems de la recouper,
& de la répandre fur l'heure au moment
où le laboureur l'enfevelit avec fa charrue.

Un si petit volume de terre ne fournissant point assez d'espace, n'a pu qu'en défendre l'évaporation & s'incorporer avec elle ; le reste se passe dans le sein de la terre. Telle est l'expérience que j'ai faite cette année dans la seigneurie de Saint-Leger près Dijon. Les effets en ont été très-sensibles, malgré que la terre fût si forte, qu'elle aurait exigé des massues pour l'écraser. Le seigneur dont je partageais l'aimable solitude, a fait présent de la chaux à son fermier, pour le forcer de juger de la valeur de cet engrais. Ce simple laboureur a remarqué avec plaisir l'activité de cet engrais. Il en a témoigné sa surprise & sa joie à son maître, avec promesse de préférer cette amélioration, si les fruits ne trompent point son attente. Chaque monticule de terre est devenue si pulvérisée, que le moindre vent eût empêché de la répandre sans perte. C'est ainsi que chaque seigneur pourrait éclairer son village, en augmentant sa fortune & celle de ses vassaux. Cette perfection de culture

ne peut avoir lieu, fans multiplier le revenu du Souverain. Triple avantage, qui
commence par enrichir celui qui le procure, qui verfe le calme & l'aifance fur
des malheureux, qui, fans lui, auraient
été forcés pour la plupart de renoncer à
la culture, dont les produits bornés n'auraient pu fuffire aux befoins d'une nombreufe lignée, qui eft ordinairement le
partage des pauvres laboureurs.... Triple
avantage, qui rend fon auteur fi cher à fon
Souverain & à fon pays. Le malheur eft
de n'y pas réfléchir; il eft confolant d'en
offrir les réflexions au public. L'idée du
bien eft le premier pas qui conduit à fon
exécution, qui en fait preffentir les conféquences. Elles font de la plus grande im-
portance pour la Bourgogne, où les principes connus dans les campagnes des autres
provinces font ignorés ; où celui qui ufe
d'un peu de chaux, imagine qu'elle eft
auffi bonne en poudre qu'en pierre : il l'a-
chète fufée dans le fourneau, & la répand
dans fon champ. Cet abus vient du peu

de vente de cette denrée ; il n'exifterait
plus, fi le Bourguignon en faifait une
forte confommation. C'eft alors qu'un fourneau ferait, comme en Normandie, def-
tiné avant d'être à fon degré de cuiffon.
La pierre, encore fumante, eft dans cette
province confiée à la terre qui doit s'enrichir de fes précieufes qualités. La Normandie ne doit fa fertilité & la facilité de
fa culture, qu'aux heureux effets de cet
engrais. Son fol, dans le principe, était
tout au plus de la valeur que préfente
maintenant celui de la Bourgogne. Voici
fur quoi je fonde cette opinion. La meilleure terre en Normandie eft diftinguée
par la production naturelle du tréfle rouge.
Toutes les prairies ne le produifent pas.
On en trouve peu dans le chaume des
grains, à moins qu'on ne l'ait enfemencé.
Il n'y a point de terre en Bourgogne,
parmi les plus délaiffées, qui n'en foit
couverte. Il faut en conclure que ce terri-
toire immenfe récèle dans fon fein le
germe de l'abondance, & qu'il ne s'agit

que de le développer. Dire que toute la
terre qui ne produit pas le trèfle rouge,
ne peut être de la première qualité, ferait
fronder l'expérience de bien des pays;
mais il eſt impoſſible que ſa nature ne
ſoit infiniment précieuſe, quand cette plante
eſt au nombre de ſon herbue. On objectera
que la Bourgogne fournit depuis pluſieurs
ſiècles la preuve de ſa médiocrité par les
moiſſons, excepté celle des vignes; on
obſervera même que les vins de première
qualité demandent des terres maigres; on
en dira bien plus des ſables dont les fruits
feraient les plus eſtimés, dont la primeur
vaut mieux que la valeur annuelle des
autres terres..... La réponſe à tout cela;
c'eſt que la véritable amélioration n'eſt
point miſe en uſage. Je vais le démontrer
pour la Bourgogne. Après avoir prouvé
que la chaux ſeule peut diviſer la maſſe
des terres de cette province, & les ameublir, il ſuffit de démontrer que les engrais
uſités, loin de contribuer à l'ameubliſſe-
ment de la terre, ne font qu'ajouter à ſa

compacité. Comment ferait-il poffible qu'elle fût féconde dans des mains auffi ignorantes?.... En quoi confifte cette ignorance?.... Le voici.

L'habitude du commun parcours de tous les animaux, rend chaque particulier fidèle à jouir de fon droit. Tout fon bétail, fes chevaux, porcs & moutons, ont la libre pâture des champs. Les conferver dans l'étable deviendrait coûteux pour un Bourguignon qui peut les nourrir fans bourfe déliée. C'eft le patrimoine du peuple, qui y jouit du même avantage, fans poff'éder un pied de fonds. Cet ufage dont l'humanité paraît être la fource, eft la ruine de la culture. Les pailles garniffent les cours & entourent les maifons des rentiers, en attendant que la pluie vienne les humecter, & finiffe enfin par les pourrir. Ce fumier, qui n'eft autre chofe que de la paille mouillée, fans aucunes parties graffes & onctueufes, en féchant devient aride au point de paraître en partie plus propre à brûler, quand il eſt diſtribué ſur le champ dans lequel on eſt à la veille de le répandre. Les femmes ſont obligées, ſans aucun autre inſtrument que leurs mains, de diviſer ſes parties nattées & deſſéchées, tandis que le laboureur les coupe en meilleure partie avec le ſoc de ſa charrue, en travaillant à les enfouir. Quel ſuccès attendre d'un monceau de paille qui n'a point ſervi de litière aux animaux ?.... Si un particulier ſur vingt, a dans ſon étable un peu de fumier de cheval ; c'eſt une exception ſi faible, qu'elle ne fait aucune ſenſation dans l'enſemble de cette province, dont chaque habitant viſe à tirer parti du vain pâturage, comme étant une portion eſſentielle de ſa propriété. Ou le fumier fait par l'abondance des pluies eſt ſec ; ou il eſt humide, ſuivant le tems:pendant lequel on le voiture, & celui qui a précédé ce travail. Dans le premier cas, la terre le reçoit ſans changer de nature :.... dans le ſecond cas, cet engrais mouillé ſans onction ne fait qu'affembler les terres au lieu de les ameublir. L'un & l'autre font en pure perte pour le cultivateur, qui n'a que des récoltes médiocres, qui croit encore les devoir à fon fumier, tandis qu'il n'en eft redevable qu'aux beftiaux qui ont dépouillé le chaume des grains de la précédente moiffon, & qu'au naturel d'un fol qui renferme dans fon fein le principe de la fécondité. J'obferverai auffi que des fumiers de la première qualité, feraient moins à defirer pour la Bourgogne, que l'abondance de la chaux. La facilité de la faire par-tout, offre par-tout le moyen de faire triompher la bonne culture. Il y a, fans doute, des cantons où la terre eft plus légère, où la chaux ferait nuifible. J'ai indiqué les améliorations qui conviennent aux terres légères. Que faut-il donc que le Bourguignon faffe de fes pailles? Cette province qui abonde en fourages très-médiocres, en prairies fans qualité, peut, en faifant fervir la chaux aux terres fortes, faire parquer l'hiver fes beftiaux dans fes

prairies & herbages, y faire manger sa
paille par des bœufs, vaches & moutons,
doubler le produit de ses herbages, ainsi
que leur valeur intrinsèque ; rendre leur
pâture insensiblement propre à donner un
peu de vigueur au haras, dont la Normandie serait le véritable centre. Dans le
fort de l'hiver, quand les gelées ont tout
détruit ; quand toutes les terres labourables, ainsi que les prairies, n'offrent aucune pâture, c'est alors que chaque particulier peut faire dépenser ses pailles dans
ses herbages. S'il possède des terres à labour légères, il doit se procurer des fumiers en faisant établer ses bestiaux, ou
faire parquer dans ce fonds comme dans
la prairie. Voilà le moyen de rendre ses
pailles utiles. L'usage de la chaux & l'emploi des pailles, réglé sur la nature de
chaque canton de la Bourgogne, la rendraient tout aussi fertile que la Normandie, ses denrées toutes aussi parfaites; &
si dans les endroits où le vin est peu estimé, comme celui de Moutardou & beau-

coup d'autres ; fi , dis-je , le vigneron ,
dans ces contrées où le peu de qualité
du vin fait defirer la quantité, mettait de
la chaux pour en multiplier le raifin , je
ne doute pas qu'au lieu de rendre avec fon
fumier le vin plus mauvais encore, la
chaux ne donnât une vendange abondante
en ajoutant à la qualité du vin. La vigne
ne veut point de fumiers ; mais fon fruit
eft comme tous les autres, & doit avoir
des rapports avec l'amélioration qui le produit. La chaux ne répandant que des efprits dans la terre, ne lui donnant que de
la légéreté, ajoutant à la fertilité & qualité des efpaliers quand on en chaule les
bordures, doit faire le même effet fur la
vigne. Une poire a plus de fucre, un raifin doit contenir une liqueur plus délicate.
N'ayant à cette occafion que l'expérience
des jardins , je ne peux qu'inviter les propriétaires des vignobles à faire cet effai ,
qui au moins eft infiniment préférable à
l'ufage des fumiers. J'ai annoncé la chaux
comme admirable pour les prairies ; mais

la nécessité de consommer utilement des pailles en bénéficiant du libre parcours des bestiaux, & la bonté particulière du parcage, m'ont fait entrer dans ces différens détails. L'envie d'être utile me fait offrir au public les réflexions qui me paraissent étayées de principes. Sans vouloir établir de comparaison entre la chaux & le fumier de Bourgogne, puisque ce dernier est absolument sans valeur, il me reste à prouver l'économie du premier. L'ignorance du laboureur & la force de l'habitude, rendent son fumier commerçable. Celui qui fume raisonnablement un arpent, vendrait l'engrais qu'il y répand neuf livres. Une queue de chaux parfaite coûte sept livres, & suffit à l'amélioration de cette étendue, ainsi que le constate l'essai fait dans la seigneurie de Saint-Léger. L'économie est déja bien sensible. Si la consommation de cette denrée devenait plus forte, la multiplicité des fournaux finirait par diminuer son prix. Les propriétaires les plus riches en feraient pour leur usage,

& profiteraient des bénéfices que doit faire le vendeur qui en fait son état. Les premiers laboureurs qui reconnaîtraient l'abus de leurs fumiers ou matras, les vendraient aux autres pour acheter de la chaux. Son introduction finissant par devenir générale, c'est alors que les avantages en grand se feraient sentir, & que toute une province sortie de la plus profonde ignorance, pourrait mesurer ses revenus pied pour pied avec la Normandie, si j'en excepte les vignes qui passent pour rendre moins que bien des productions, à moins que la chaux ne puisse influer sur la valeur des vignobles. Il est donc possible, sans la suppression du vain pâturage, de fertiliser la Bourgogne ; ce qui est d'autant plus à desirer, que les pauvres de cette province, le peuple qui n'y possède pas un pouce de terre, jouirait d'un libre parcours qui lui rapporterait davantage, à raison de l'augmentation du fonds. Il est si heureux & si juste, en remédiant aux besoins de l'État, d'ajouter à l'aisance des malheureux, de verser le

calme dans leur chaumière, de les éloigner pour toujours des fâcheufes extrémités de la misère ; que toute fpéculation
dont les avantages ajoutent au fardeau de
ces infortunés, doit efpérer peu de fuccès
fous le règne de la bienfaifance.

Il y a, dans chaque province, des perfonnes qui pourraient fervir à faire apprécier la meilleure culture. Quelques Nor-
mands, malgré les fuccès de la chaux
fous leurs propres yeux, n'en font point
ufage. Leurs voifins, dans des terres femblables, ont des moiffons beaucoup plus
riches. Cette oppofition ne fert qu'à l'encouragement du bon cultivateur ; elle ne
peut vaincre dans l'autre une manie, qui
fouvent eft un défaut de l'organifation.

Quelques Bourguignons ont de bons
fumiers : leur récolte, bien fupérieure à
celle de leurs voifins, ne peut balancer
dans l'efprit des derniers les avantages du
libre parcours des troupeaux. Ils vou-
draient pouvoir s'en procurer de femblables
&

& jouir du pâturage commun : la néceffité, fuivant leur calcul d'opter, les réduit
aux fumiers des cours. Mais le petit
nombre des hommes qui fourniffent ces
exemples, ne pouvant faire un effet fenfible fur le gros de la nation, je ne les ai
cités que par forme d'obfervation. Il en
réfulte toujours la préférence d'une amélioration fur une autre. Puiffe la réunion de
tous ces détails, fondés fur des expériences
& des principes dont j'évite de me dépar-
tir, accélérer le bien général qui fe fera
d'abord fentir par gradation, & dont les
progrès doivent un jour rendre la France
fi floriffante !....

L'analyfe & les motifs des différentes
améliorations à raifon de chaque fol, n'ont
point rempli l'objet que je me fuis propofé.
Les changemens à faire fur le mécanifme
du labourage & fur la façon de cultiver
& d'enfemencer, feraient une différence
fi grande dans les moiffons, qu'ils ajoutent
infiniment aux meilleurs engrais par la
multiplication des produits. Le proprié-

G

taire ne confidère dans fes champs que la richeffe de leur étendue. Ses yeux fatisfaits de tout ce qui eft à leur portée, ne lui donnent que des idées fuperficielles de fa fortune. Ignorant ou incrédule fur tous les tréfors que la nature dérobe à fes regards; tourmenté fans ceffe par l'envie d'acquérir & de s'agrandir, il n'a que le bonheur de fatiguer le plus vigoureux courfier dans l'immenfité de fes poffeffions. C'eft ainfi qu'il s'exprime pour vanter fon opulence. Mais il ne fçait pas jouir de tous fes biens. Accoutumé à ne voir que des productions ordinaires, des moiffons fouvent languif-fantes, & jamais comme elles pourraient être, il a raifon de ne calculer fes pro-duits que par l'efpace qui les offre à fa vue. C'eft ainfi que toujours enivré par une fucceffion de plaifirs, qui finiffent par endormir le riche, dont ils ont un moment fait les délices; c'eft ainfi, dis-je, qu'il n'a jamais le tems d'approfondir. Celui qui le fait de nos jours, n'a point befoin d'être cité pour être connu. Ce ferait ici le moment de céder au sentiment si naturel de la reconnaissance, en prononçant un nom que la vertu me rendra toujours cher. Dussé-je blesser la modestie de M. le Duc de Charost, je dois compte au public, pour le mérite de l'exemple, d'une protection que la seule envie de servir ma patrie, m'a méritée depuis bien des années. Les connaissances de ce Seigneur, Associé des Sociétés Royales d'Agriculture de Paris & de Laon, & le zèle qu'il montre à l'Assemblée provinciale du Berry, me rendent son suffrage aussi flatteur qu'utile. Je reviens à mes champs, dont je n'ai paru me séparer un instant, que pour engager le Lecteur à me suivre avec plus de plaisir dans les détails des articles intéressans qui me restent à traiter, & qui méritent une attention sérieuse. C'est le moment d'assurer le fruit de tant de travaux, le moment de donner aux semences plus ou moins de terre à pénétrer. Six ou sept pouces de terre suffisent au Laboureur actuel. Il évite de rendre sa culture plus

G 2

profonde. Perfuadé que la terre ferait dé-
tériorée , fi les terres vierges qui n'ont
jamais vu le jour venaient à couvrir fon
champ, il a foin de commander le foc de
fa charrue , en appuyant modérément fur
les bras qui en dirigent l'action. Moins de
fumiers engraiffent une plus grande étendue ; fes bœufs ou fes chevaux n'ont qu'une
demi-tâche à remplir. Ce Laboureur aveu-
gle , ne voit pas qu'il réduit fes efpérances
au tiers de ce qu'il pourrait moiffonner.
Il ne diftingue pas les terres marneufes ou
de potier, des autres. Ces dernières, heu-
reufement en plus petit nombre , pourraient feules juftifier fa culture, fi leur
rencontre feule arrêtait le foc de la charue,
& fi toutes les terres vierges n'éprouvaient
le même fort. Mais ces dernières, qui forment la meilleure partie du glebe de la
France , font, depuis bien des fiècles, inutiles aux femences , & ne font que fervir
de limites à leur accroiffement. Afin de
rendre raifon des conféquences de cet
abus , je vais oppofer à cette méthode,
celle qui devrait être fuivie.

La première chose que l'on doit obser-
ver dans le travail des champs, c'est de
leur confier un engrais durable , & de
procurer au chevelu des femences, un peu
de fraîcheur pour la facilité de fon développement. Sept pouces de fouille ne
peuvent donner à la terre ce double germe
de fécondité. Le volume eft trop mince.
Il eft épuifé par une feule récolte de froment. La feconde année la terre repofe.
La troifième il faut de nouveaux engrais.
Dans une année de fécherefe, le Laboureur voit avec furprife la pouffe de fes
grains tardive & languiffante. L'herbe de
fon froment ne couvre point fes guérêts
de touffes verdoyantes & rembrunies. Il
eft confterné par la contrariété de la faifon, qui feule lui paraît influer fur la médiocrité de fa moiffon. Tout fon efpoir eft
dans la récolte qui doit, l'année fuivante,
le dédommager de fes pertes. Il ne conçoit pas qu'une culture plus profonde ,
épuifée dans fa furface par l'aridité du
tems, & pulvérifée enfuite par le foleil,

conferve plus avant un principe de végétation, dans des terres fraîches & remuées,
qui, décidant la vigueur de la plante,
prennent le deffus de la faifon..... Il ne
conçoit pas que fept pouces de fouille ne
peuvent contenir ce principe de vie de
toutes les productions. Leurs racines trou-
vant trop de réfiftance, ne peuvent s'é-
tendre au-delà du terrein que leur a deff
tiné le fer de la charrue. Arrivées à la
terre vierge, elles languiffent, fe reploient
fur elles-mêmes, en attendant que la pluie
leur donne ce qu'une culture avare leur
a refufé. Cette terre une fois humectée, la
plante épuife la fubftance des terres qui la
produifent, & ne laiffe après elle que des
terres à renouveller. Si le froment fouffre
de cette culture, ce qui eft démontré par
le peu de terre auquel on en confie les
femences ; fi un pied de fouille poffede
dans les cinq pouces qui excéderaient la
profondeur de la culture reçue, deux fois
plus de qualités précieufes que les fept
pouces qui les couvriraient ; fi les chaleurs

du soleil le plus brûlant en durciffant la
première terre, n'arrêtaient pas les efforts
du froment, que la fraîcheur de fon pied
préferverait des atteintes de la plus grande
aridité ; fi la multiplication de cette denrée en doublait au moins la moiffon, le
Laboureur qui n'aurait pas befoin d'augmenter à proportion la quantité de fes
engrais, & qui, la première année, trouverait dans la terre vierge des fels pleins
de vigueur, commencerait par s'enrichir,
en fe procurant des pailles plus abondantes
pour l'augmentation de fes fumiers indif-
penfables dans la terre légère. La chaux
viendrait à fon fecours pour l'ameublisse-
ment des terres fortes : les améliorations
ne feraient jamais un obftacle à fes travaux. Un revenu deux fois plus confidérable qui ne ferait point fujet aux re-
vers de la faifon, fi j'en excepte les grêles
ou le feu du ciel que rien ne peut empêcher ; un fonds, dont la valeur intrinsèque
augmenterait de beaucoup le denier pour
l'étranger qui viendrait acquérir en France ;

G 4

un Laboureur qui pourrait à-peu-près compter fur le fruit de fes veilles pour fecourir fa nombreufe famille, payer fon maître & les impôts ; tant d'avantages réunis font inféparables du choix de cette culture. La première année lui donnerait plus de peine, mais n'exigerait que les engrais ordinaires. Il en refulterait d'abord la néceffité d'atteler un bœuf ou un cheval de plus à fa charrue, d'en diriger le foc plus avant, de le faire faire un peu plus long, pour rendre cette fouille poffible. La feconde année, le bœuf ou le cheval que l'on aurait ajouté à l'attelage l'année précédente, deviendrait inutile. Les terres remuées confervant plus de fraîcheur à raifon de leur profondeur, n'oppoferaient aucune réfiftance. Le premier effort des chevaux pour faire entrer le fer dans fix ou fept pouces de terre defféchée & durcie fuffirait ; le refte deviendrait l'ouvrage de la volonté du Laboureur, à raifon de la première fouille qui ne peut jamais être trop profonde,

quand on ne rencontre ni des terres marneufes, ni des terres de potier. En confi-
dérant que plus la maffe des terres remuées eft profonde, plus elle eft fertile &
difficile à épuifer, il n'y aurait que l'im-
poffibilité de pénétrer auffi avant dans le
fein de la terre, qui pourrait en faire rejetter la méthode. L'expérience que j'en
ai fait, ainfi que je l'annonce, & l'aveu
de tous les Laboureurs qui conviennent
eux-mêmes qu'ils évitent de cultiver trop
avant, fe réuniffent pour en établir la
poffibilité. J'ai dit que la terre vierge
peut donner une riche moiffon fans augmentation d'engrais;.... elle en donnerait même deux ou trois; mais il eft bien
fage de ne point être fi prodigue de fa
primeur, & de la ménager dès la feconde
récolte par une amélioration plus confidérable. Enfuite les engrais ordinaires fuffiraient. Il ne ferait queftion que d'entretenir fa fertilité. Ce principe pofé pour multiplier le froment, l'avoine & le feigle, il
eft bien plus concluant pour faire abonder

la terre en pomme de terre & maïs. Cette preuve & ses détails sont importans pour la colonie. Commençons par la pomme de terre.

Il est reçu de labourer trois fois un champ avant de l'ensemencer. Les deux premiers labours très-profonds, le dernier que l'on fait au commencement de Mai, ne doit ouvrir qu'un rayon de quatre pouces de profondeur pour recevoir la pomme de terre. C'est alors que le Laboureur ne fait que soutenir sa charrue, & donner au chevelu de la pomme plus d'espace en-dessous pour son développement. Il commence par s'étendre dans les parties les plus fraîches de la terre, & le plus petit de ses files portant une pomme à son extrémité, douze pouces de terre à pénétrer, produisent en raison de leur volume. Un enfant suffit pour semer. Le Laboureur le surveille d'abord, & le met en état de faire l'ouvrage d'un homme, qui consiste à suivre la charrue & à placer de pied en pied dans le rayon la pomme de terre. Un bon cultivateur préfere pour les femailles les plus petites pommes grifes & rondes. Leur efpèce, plus farineufe, eft préférable à toute autre. Il doit obferver de donner aux rayons à-peu-près un pied d'intervalle. L'ufage de partager les pommes pour les femer, fait un tort infini dans les moiffons. La raifon en eft fenfible. Sans parler ici de mes épreuves, je me contenterai de recueillir dans les Affiches de Caen, baffe Normandie, en date du 16 Décembré 1787, l'article fuivant.

ÉCONOMIE.

» Un Cultivateur vient de faire une
» expérience fur les pommes de terre qui
» mérite d'être connue. Il en a planté une
» fans la couper, & une autre à quelque
» diftance de la première, coupée en mor-
» ceaux, felon la méthode ufitée. La pre-
» mière en a produit deux cent dix-fept,
» dont cinquante fort groffes, & les autres

» d'une grofſeur médiocre. Celle qui a été
» coupée, n'en a produit que cent vingt
» qui ſont beaucoup plus petites que les
» premières. «

Convaincu de cette vérité par la pratique & la théorie, il eſt utile d'en développer les cauſes. Dans le moment où la
pomme eſt enſemencée, ſa farine eſt tout
en germe. Ce germe, dont la force & la
vigueur conſiſtent dans la réunion de ſes
parties, devient languiſſant par leur ſépa-
ration. La pomme entière, dans un ſeul
pied d'eſpace, produiſant deux fois la
quantité des fruits de la pomme partagée,
à cauſe de la médiocrité des dernières, la
différence eſt facile à calculer. La pomme
partagée donne au moins trois morceaux.
Ils occupent trois fois autant de terre que
la pomme entière qui a rendu le double
dans un pied d'eſpace. Sa moiſſon eſt ſix
fois plus conſidérable. Chaque pied, plus
vigoureux, porte des fruits plus précieux.
Tant de motifs doivent inviter tous ceux

qui cultivent ces farineux, à devenir fix fois plus riches, & à confier à la terre les pommes les plus groffes fans les partager quand les petites manquent. Cette difette n'arrivera jamais, fi l'on a foin de rebuter les petites, & d'en faire un monceau particulier, à mefure que l'on prendra à la maffe pour l'engrais des animaux.

Ce travail fait dans les premiers jours de Mai, la pomme de terre couvre en fix femaines le champ de fes feuilles. La multiplication de fes files jufqu'à l'extrémité de la fouille, eft complète au commencement de Juillet. C'eft alors que le chevelu cherchant à ferpenter vers le fommet de la terre, la féparation des rayons doit fervir à faire à la fin de Juillet au pied de cette plante, ce que l'on fait au pied du céleri. Les terres inclinées contre fa tige ouvriront un paffage aux rayons du foleil, qui fe joignant à la fertilité qui réfulte de travailler la terre, en développera tous les fels. Les fruits fe multipliant en haut comme en bas, le produit qui réfulterait des foins de cette culture, finirait par en rendre le cultivateur prodigue, pour augmenter fa moiffon. Le commencement d'Octobre eft le moment de la récolte. Chaque rayon offre les moyens avec des trubles ou bêches, de pénétrer jufqu'à l'extrémité de chaque pied, & d'enlever fes fruits fans les endommager avec le fer. Il n'y a point de moiffon qui foit plus facile à mettre à l'abri des rigueurs de l'hiver dans un petit efpace. Un appartement quelconque, pour peu qu'il ne foit point humide, eft propre à refferrer ces fruits. Quand ils font amoncelés, on les couvre de paille ou de glû, pour les garantir des premières gelées. Avant de détailler leur préparation pour les animaux, je paffe aux femences du maïs.

Le maïs jaune eft préférable à tout autre. Il doit être enfemencé comme la pomme de terre, & regarni de terre dans ſon accroiſſement. Ce dernier travail communiquant de nouveaux ſucs au tuyau, enfante de nouvelles grappes, en donnant plus de vigueur à celles qui paraiſſent. On en fait la moiſſon à la Saint Denis, en arrachant ſeulement les grappes que l'on dépouille de leur enveloppe. Le maïs ne doit être en monceau que quand ſa maturité & ſa ſéchereſſe ſont à toute épreuve. On peut l'aſſembler par glanes & le ſuſpendre ; on eſt aſſuré de le conſerver toute l'année ſans perte. Ceci paraît demander des ſoins ; mais on a l'avantage dans un petit appartement d'y loger une récolte abondante, au moyen d'une pyramide de planches, garnies de cloux ou de chevilles. A meſure des beſoins de ſa conſommation, on pourrait le battre comme tout autre grain ; mais les longues veillées de l'hiver peuvent auſſi ſervir à ce travail, qui peut être en partie l'amuſement des enfans aſſez forts pour l'égréner. Il eſt plus long, ſans doute, qu'avec le fléau ; mais il eſt tant de ſoirées oiſives, que cette occupation devient souvent utile & économique.

La pomme de terre & le maïs ainsi ré-coltés, le premier champ doit être abandonné à la pâture des porcs qui viennent fouiller la terre & manger les pommes que le moiſſonneur n'a point découvert. Le ſecond champ doit être réſervé pour des moutons ou vaches à lait après la première gelée. Le tuyau du maïs eſt pour-lors dans ſa priſe, & fait une nourriture pré-cieuſe pour la qualité du lait, ou pour commencer l'engrais du mouton. Il eſt plein de ſucre & de parties laiteuſes. Il faut bien éviter de le convertir en fumiers ou de le brûler, comme bien des cultiva-teurs le font par ignorance.

C'eſt ici que l'engrais des animaux com-mence : il eſt ſimple dans ſa préparation, & fondé ſur l'expérience. On remplit un baquet de pommes de terre & d'eau pour les laver. Enſuite on les met avec de l'eau

propre

propre dans un grand vafe fur le feu pour les faire crever ; ce qui demande peu de tems. Les pommes ainfi préparées le foir, font mélangées le lendemain avec un tiers de maïs, & font portées dans l'auge ou le baquet des bœufs. Le maïs, dans un vafe quelconque, doit le remplir à moitié ; on verfe deffus de l'eau bouillante, de manière qu'il puiffe tremper, en obfervant de le couvrir afin d'empêcher l'évaporation que fa fermentation excite. Le lendemain, la groffeur de fon grain a tellement augmenté, que le vafe eft plein. Il faut alors le mêlanger avec la pomme de terre. Le bœuf, la première fois, héfite à prendre cet aliment. Un peu de farine de maïs, répandu fur la nourriture, l'invite à la dépenfer. Mais quand on veut le déterminer plus vîte, on fait une rôtie de gros pain imbibée de vinaigre ou de poiret & même de cidre : on la place dans les alimens tant foit peu couverte de farineux. Son odeur invite l'animal à manger. Ceci fait une fois fuffit pour toujours.

H

Le grain du maïs, répandu dans la purée de la pomme, en varie le goût, & communique des sucs infiniment précieux. Un autre baquet ou cuvier à portée des bœufs, doit être renouvellé d'eau tous les jours. On la blanchit avec la farine du maïs; & s'il en reste dans le baquet du jour précédent, elle doit être versée dans les alimens. La grande fraîcheur de la boisson est essentielle pour cet animal. En six semaines ou deux mois au plus, le bœuf le plus fort est chargé de graisse. Les deux bœufs offerts au Roi en 1782, n'ont été que cinquante jours à l'engrais. Un plus grand nombre y serait moins long-tems encore. Cet animal se déplaît seul, & dissipe par l'ennui partie de ses sucs. Satisfait d'être entouré de ses semblables, prêt à leur disputer sa part des prochains alimens, excité par leur exemple; tous les farineux qu'il mange lui profitent. Le rapport des animaux avec l'homme pour le comestible, rend cette vérité démontrée. Cette observation prouve qu'en met-

tant au plus deux mois pour engraisser
deux bœufs, je ménage à chaque cultivateur le plaisir & le profit de la surprise.
Afin de resserrer mes idées, j'arrive tout
d'un coup à la propriété de chaque colon,
à la distribution de sa culture, à l'usage
de chacune de ses productions, à la manière simple de conserver toute l'année la
pomme de terre en fruit, malgré la contrariété du printems.

Chaque colon arrive à son établissement.
Sa propriété de cinquante arpens, lui offre
sept arpens de pommes de terre, sept arpens de maïs, sept arpens de froment,
un arpent d'avoine, un arpent de seigle
ensemencés. Il voit à peu de distance de
sa chaumière, près de son jardin potager,
une plantation en tablette de quatre arpens
de bois de saule & autre, dont l'accroissement rapide va suffire au besoin de sa
consommation. Quelques plantations de
haute futaie, le long de ses fossés, lui
promettent un jour les bois indispensables

à la bâtisse, dont l'augmentation lui paraît inévitable. Ravi de voir ses besoins couverts, heureux par l'espoir de ses moissons, animé par la reconnaissance du bienfait de son maître qui se joint à son intérêt personnel ; je crois le voir avec sa femme & ses enfans, voler à son couple ruminant qu'il trouve dans son étable, l'atteler à sa charrue, commencer par labourer les sept arpens qui ont produit le maïs l'année précédente ; y destiner la semence de son froment, passer ensuite aux deux arpens d'avoine & de seigle ; projetter dans chacun l'échange de chaque semence, échanger également les semailles de maïs & de pommes de terre ; la premiere, dans le champ de la pomme de terre ; la seconde, dans le champ du froment. C'est ainsi que renouveilant la terre par un an de repos, & lui confiant de nouvelles semences, elle ne se rebute point par la succession des mêmes fruits ; c'est ainsi que, raisonnant cet échange de productions sur la qualité de chacune, le laboureur apprend à cultiver par principes, & à jouir doublement du fruit de ses veilles. Avant d'apprécier le revenu de chaque colon, il s'agit d'expliquer les motifs de sa culture. Le pied du maïs détruisant les mauvaises herbes, doit être remplacé par le froment. Rien ne faisant plus de tort à ce farineux que le rebut des productions de la terre, le premier semble assurer la fécondité du second. La pomme de terre, à laquelle on fait succéder le maïs, assure une fouille très-profonde qui a été renouvellée par le muselage des porcs, en tournant le champ pour dévorer le reste des pommes. La racine du maïs aimant à s'étendre, doit en assurer la fécondité dans une terre aussi remuée que profonde. La pomme de terre ayant besoin pour le développement de ses fils, & la nutrition de tous ses fruits dans le sein de la terre, de celle qui est la moins épuisée, doit être ensemencée dans le champ du froment. En ce qui touche l'avoine & le seigle, la ressemblance des semences n'a que le

H 3

mérite de l'échange; ce qui eſt de principe en culture.

Le colon prenant poſſeſſion de ſa pro- priété dans laquelle il trouve les choſes indiſpenſables pour la culture, les pre- miers comeſtibles & deux bœufs, a l'eſ- poir d'une riche moiſſon. Il faut analyſer ſa valeur. Sept arpens de froment doivent rendre quatorze ou quinze cents gerbes, à quatorze gerbes la meſure ou le boiſſeau du poids de cinquante livres. L'avoine & le ſeigle, à proportion de l'étendue, don- neraient environ quatre cents gerbes. Les quatorze arpens de pommes de terre & de maïs rendraient enſemble aux environs de quatorze cents ſeptiers. Six perſonnes, y compris les enfans du colon, mange- raient douze livres de pain par jour, trois cent ſoixante livres par mois, quatre mille trois cent vingt livres par an, qui font quatre-vingt ſix meſures du poids de cin- quante livres, & vingt livres de plus. En ſuppoſant que chaque feu fût plus nombreux, ajoutant à ce calcul les bleds de femence, réduifant les quinze cents gerbes à douze cents, portant les comeftibles & les femailles à cent cinquante mefures au lieu de quatre-vingt-fix, le colon vendrait cent cinquante mefures, fes befoins prélevés, qui lui ferviraient à l'acquifition de deux bœufs maigres & d'une vache qui trouverait fa nourriture dans fa faifance valoir. Il lui refterait fon avoine & fon feigle. Les pailles de l'avoine alimenteraient fa vache pendant l'hyver : le glû de fon froment, couvrirait fa chaumière ; le glû de fon feigle, fervirait à l'ufage des liens. Cette évaluation très-faible, ne préfente point le véritable produit. L'avoine & le feigle, confacrés à l'acquifition de quelques moutons & porcs, le colon en état de tirer parti de fa propriété, ferait néceffairement plus riche que je ne le fais paraître. Mais la modicité de l'apprécie, fans diminuer la fortune, invite à la confiance. Mon but eft de convaincre le Public.

H 4

L'article de l'engrais des animaux demande bien des détails. Chaque colon récolterait dans l'étendue de quatorze arpens de pommes de terre & de maïs, l'engrais de quinze bœufs, quatre cochons & vingt-huit moutons. Propriétaire de quatre bœufs dont les plus faibles serviraient aux labours, les deux autres passeraient à l'engrais. Les deniers de leur vente en deux mois de tems, employés à l'acquisition des bœufs maigres, il pourrait en engraisser trois ou quatre les deux mois suivans, & ainsi par augmentation à raison de ses facultés, ou de la distribution égale de ses fruits pendant l'année. Telle est la gradation & la jouissance de la culture, qui paye au centuple tous les soins qu'on lui donne. Le moyen de conserver la pomme de terre toute l'année, sans la rendre plus coûteuse, ne laissera plus rien à desirer sur cette importante matière.

La pomme de terre en monceau, couverte de paille dans un lieu sec, est à l'abri des gelées. Mais il faut la préserver des premiers efforts du printems sur toutes les plantes, en détruisant le germe qui la réduit en Mars à la simple utilité des semences. Il ne faut point attendre ce mois pour assurer sa conservation. La réduire en farine, est une dépense très-inutile. Il n'y a point d'habitant des champs qui n'ait un four pour cuire son pain. C'est à la fin de cette cuisson, que, renouvellant la chaleur du four avec un couple de bourées ou de petits fagots, le cultivateur doit l'emplir de pommes de terre bien lavées, & les laisser une heure, en observant de fermer l'entrée de son four. Il fera bien dans la même journée, de faire succéder plusieurs fournées les unes aux autres. Ces pommes à-peu-près cuites, doivent être déposées sur une aire bien propre, entourée de planches, garnie de paille & recouverte de même. La provision de sept mois préparée de cette manière, ne contenant plus de principes de végétation, ayant passé par le feu qui purifie tout, confervera fes précieufes farines. Cette précaution exige par prudence la fin de cette préparation en Février. Ces pommes, pour ainfi dire, en farine, ne demanderont plus que de l'eau tiède pour tremper & fe mélanger avec le maïs. Les autres qui fe confommeront pendant les cinq premiers mois, exigeant plus de feu pour les crever, coûterônt autant que les dernières. L'économie & la richeffe des premières étant conftatées, annoncent tout le prix des dernières, qui en auront d'autant plus, que perfonne n'a encore trouvé le moyen de les garder que par leur converfion en farine ou fécule de trente fols la livre.

L'engrais du porc ne doit point être auffi foigné que celui des bœufs. On pourrait l'engraiffer avec la pomme de terre fans apprêt ; mais comme il ne faut point oublier tout ce qui eft économique, en ajoutant à la perfection de fon lard, la pomme lavée doit être mife à crever fur le feu avec les eaux les plus graffes de la cuisine. Le maïs, mêlangé avec cet aliment, engraisse un porc en peu de tems.

Le mouton est le plus difficile à engraisser. Après avoir brouté le pied du maïs & le chaume des grains, on lui donnera dans une auge le maïs en grain sans apprêt. Les pailles d'avoine & autres si l'hiver est trop rude, suppléront au pâturage que les champs fourniraient dans une saison moins rigoureuse. Un simple appentis dans le milieu d'un champ montueux, sous lequel on place une auge remplie de maïs deux fois par jour, suffit pour l'entreprise. Il n'y a point de mouton aussi délicat que ce dernier, qui réunit au goût le plus recherché, plus de pesanteur que ceux qui présentent sur pied le même volume.

L'engrais de la brebis est nécessairement le même. Les agneaux dont le sevrage est devenu forcé par les accidens de leur mère, au lieu d'être mis au lait de vache, peuvent être continués avec l'eau blanche du maïs un peu épaisse. Elle les rend infiniment délicats. Il en est de même des veaux & des jeunes porcs.

Sans avoir fait cette expérience sur un poulain, je crois néanmoins que celui qui serait privé de sa mère quand il ne peut encore se passer de son lait, trouverait, à plus forte raison que l'agneau, dans l'eau blanche du maïs, les premiers alimens de son âge. C'est beaucoup, sans doute, d'imiter la nature & de remédier à la perte des élèves trop faibles encore pour survivre à leur mère.

Chaque colon pourrait avoir beaucoup de volaille, dont la ressource est si précieuse dans les campagnes. Le maïs en grain sans apprêt, est le grain qu'elle préfere. Il est très possible de l'engraisser parfaitement en cage, avec l'aliment des bœufs, ou simplement avec le maïs crevé. L'un ou l'autre, comme leur mélange, perfectionnent cet engrais.

Sans avoir rien oublié de ce qui touche les intérêts de la colonie ; sans avoir exagéré ses revenus qui tous sont au-dessous de leur valeur, j'ai le bonheur de mettre sous les yeux du Public un tableau bien intéressant. Utile à tous les propriétaires, celui qui pourrait rejetter l'idée du gros de la colonie, trouverait, malgré la prévention, le moyen d'innover dans sa propriété, le moyen de perfectionner sa culture, celui d'ajouter à sa fortune. Satisfait d'une occupation qui me donne l'assurance de contribuer un jour à la multiplication de toutes les denrées comme à leur perfection, ma jouissance commence avant celle du Public. Trop heureux si tous les objets d'utilité que renferme cet Ouvrage, fixent l'attention de ceux qui peuvent concourir au bien général ! Le défrichement & la fécondité des terres vagues, faisant la base de ce Traité d'Agriculture, il sera plus ou moins estimé. Il est si flatteur d'écrire sans présenter une spéculation qui assure la ruine de quelques

individus, que la certitude d'offrir à chacun des avantages qu'il pourra fe procurer ;.... de lui offrir enfin une vie plus
douce & plus aifée qui ne peut qu'influer
fur tout un royaume, puifqu'elle devient
le patrimoine de tous fes habitans, me fait
compter fur l'indulgence des Lecteurs. Il
eft moins intéreffant de parfemer ces détails des fleurs du ftyle, que de les offrir
avec empreffement & confiance à la Nation.

Quand l'économie d'un million & de
beaucoup moins, fixe la fageffe du Mi-
niftère & les bontés du Monarque ; que
ne doit pas efpérer celui qui préfente au
Gouvernement la facilité d'augmenter, au
prix le plus modique, le tréfor de Sa
Majefté d'un million annuel de cens?....
Que ne doit pas en attendre celui qui
puife ce million dans toutes les terres en
friche par les reffources de la culture?...
Mais ce qui donne à ce million cent fois
plus de prix, c'eft la néceffité de réunir

à sa valeur, après quinze ans de culture, cent millions d'impôts :.... nécessité qui fera le bonheur & l'assurance de celui qui se sera fait une propriété, en payant moitié moins d'impôts que les autres Sujets, à raison de la perception la plus ordinaire par tout le royaume :.... nécessité qui présentant dans le seul espace des landes de Bordeaux, les besoins de la colonie prélevés, cent cinquante boisseaux de froment par feu, fait monter le superflu de cette peuplade, à quatre millions cinq cent mille boisseaux. Il résulte de ce superflu, que celui des vingt-six autres portions des landes, est de cent quinze millions de boisseaux, qui, réunis à ceux des communes de Bordeaux, font cent dix-neuf millions cinq cent mille boisseaux de froment. En ne portant sur les six autres parties du royaume qu'un sixième d'augmentation, ce qui est très-inférieur à la possibilité de la meilleure culture, cette sixième partie fixant le calcul productif de la totalité des landes, donnerait avec elles, deux cent trente-neuf millions de boiffeaux de blé du poids de cinquante livres, à exporter à l'étranger. Le prix de cette denrée faifant la fortune de ceux qui en font des embarquemens, eft beaucoup plus cher qu'en France. Mais en ne le mettant qu'au prix courant de la Nation, à raifon de quatre livres le boiffeau ; deux cent trente-neuf millions de boiffeaux, donneraient un numéraire de neuf cent cinquante-fix millions. Cette fomme étant bien au-deffus de la valeur de tout ce que nous tirons de l'étranger, en faut-il davantage pour prouver que la maifon de Bourbon peut un jour contenir toutes les puiffances?.... L'engrais de tous les animaux faifant l'objet le plus conféquent de cette économie, je laiffe à tout homme inftruit, à celui qui connaît les prodiges de la bonne culture, & qui juge fainement fon imperfection actuelle, le foin de nombrer tous les produits de cette fortune nationale..... Je laiffe à juger combien chaque Français, devenu fi riche par la

protection

protection généreuse de son Monarque, aurait d'or à son service dans tous les événemens, où la gloire du royaume pourrait l'exiger. Tout ceci ne coûterait au Souverain que trois cent mille livres au plus; problême au-dessus des lumières de l'homme qui ne peut pas concevoir, que la terre enfante toutes les richesses;.... qu'un seul pied bien cultivé multiplierait sans peine, ce qu'elle donne maintenant à regret dans un plus grand espace!....

Afin d'arriver à cet état de perfection de tous les biens, il faut épuiser la matière. Elle me présente une dernière réflexion dont les conséquences seront senties par tous les propriétaires. La voici.

La propriété de chaque colon, limitée à cinquante arpens, suffit aux besoins de toute une famille, enrichit la nation de son superflu. Ce superflu, fruit de la meilleure culture, n'existe point dans le royaume à proportion de son étendue. La dixième

I

partie des habitans des champs, s'élève sur la ruine des autres. Une ferme de cinq cents arpens dans la jouissance d'un seul homme, fait de neuf familles qui l'entourent & qui pourraient la partager avec lui, autant d'esclaves & de malheureux journaliers. Le propriétaire réduit son revenu par une location aussi grande. Le fermier, devenu puissant parmi ses égaux, abuse souvent de sa meilleure fortune, vexe facilement ceux que l'injustice des partages met à sa discrétion. En général, elle détruit l'égalité, & assure le bonheur d'un seul homme aux dépens de dix, en y comprenant le propriétaire. Ce cultivateur privilégié, qui a cinq cents arpens de terre labourable à cultiver, est obligé de hâter ses labours, de s'occuper de l'ensemble de son entreprise, & d'améliorer superficiellement. Ne pouvant surveiller tous ceux qui le servent, ses travaux languissent, le tems des semences arrive, leur quantité rend tous les momens précieux, oblige souvent d'en confier à la terre la meilleure partie dans une faison contraire. Le moment de la moiffon arrive ;.... elle eft heureufe pendant quelques jours. Mais bientôt interrompue par l'abondance des pluies, ce cultivateur la voit dépérir dans fon champ. Elle eft trop confidérable pour qu'il puiffe, au premier moment de beau tems, la récolter en entier. Ajoutez à cette perte réelle, le pillage inévitable dans un efpace fi vafte, que l'œil du maître ne peut être par-tout.... Ajoutez fans crainte que rien n'eft fait comme il devrait l'être..... Ajoutez encore, que l'idée d'un travail qui eft urgent, & qui ne peut que fuccéder à celui dont on eft occupé, affure l'imperfection du premier. Ce n'eft pas tout :.... la mifère afflige neuf chaumières, en difperfe fouvent les pauvres habitans, multiplie le nombre des vagabonds que le défefpoir égare, & porte ainfi la plus grande atteinte à la population. Le nombre des bras diminue, la terre eft plus mal foignée, la rareté comme l'imperfection des denrées, deviennent un malheur public. Cinquante arpens de terre labou-rable peuvent occuper toute l'année un laboureur avec cinq ou six perfonnes fous fes yeux ou ceux de fon époufe. La né-ceffité reconnue dans cet efpace de tout perfectionner pour ne point être oifif, la facilité d'enfemencer & de moiffonner en peu de momens, & d'éviter les tems con-traires; les mœurs tranquilles & paifibles d'une famille qui n'a que l'honnête aifance; le bonheur commun de tous les cultiva-teurs, font des motifs bien puiffans pour fixer l'attention des propriétaires. Heureux celui qui, plus éclairé fur fes intérêts per-fonnels, réfléchira que l'augmentation de fa fortune, confifte à la partager en tant de mains, que la multiplication des tra-vaux puiffe fertilifer fes champs !.... Plus heureux encore d'adoucir le fort de tant d'infortunés, & d'ajouter à fes richeffes le plus grand des biens, celui d'être aimé. Mais je n'ai rien dit des jardins dans lef-quels il eft fi intéreffant de réunir l'agréa-ble à l'utile, fans jamais les féparer. Tous

les végétaux, dans leur primeur, ont déja
cet avantage. Il n'est point de parterre qui
fasse autant de plaisir à la vue. Un jeune
Seigneur remarque avec attention les progrès d'une serre-chaude. Les premiers pois
de la saison & les premiers fruits, font
l'objet de ses vœux, quand il se perd par
désœuvrement dans un labyrinthe, dont il
ne sort avec empressement, que pour visi-
ter l'accroissement des plantes qui font ses
délices. Mais il passe auprès d'un soleil,
dont il remarque à peine la fleur. Elle ne
fait, suivant lui, que remplir un vide dans
une plate-bande!.... Il n'est point assez
heureux pour en connaître la valeur!...
Il ignore que la plus précieuse de toutes
les farines est renfermée dans la graine du
soleil ou tournesol!.... Il ne sait pas
qu'au-dessous de cette même graine, son
cul, comme celui de l'artichaut, sans avoir
la même délicatesse, peut faire partie des
comestibles. Il y a peu de terrein dans
les champs où l'on ne puisse tenter cette
culture. Un champ montueux inégal, des

maſſes de foſſés, la pente d'une colline, des endroits à-peu-près perdus pour la culture, peuvent produire en abondance ce farineux. Les jardins naturellement deſtinés à cette culture, ne peuvent jamais être trop grands. Pluſieurs avenues de tourneſols, dont la tête fait parterre, dont l'élévation ne fait aucun tort aux plantes qui l'avoiſinent, dont la récolte & la conſervation ſont ſi faciles, contribueraient à la perfeſtion de l'engrais des bœufs. Cette production néceſſairement bornée, ne peut être conſidérée comme la baſe d'un projet économique, mais bien comme un moyen de donner plus de valeur aux jardins. Le tourneſol pouvant occuper la place de beaucoup de fleurs inutiles, de plantes moins précieuſes, je dois, après l'expérience que j'ai faite de ſon produit, inviter tous les propriétaires à le multiplier à peu de diſtance de leur habitation. Le tourneſol ſe récolte en Octobre, quand ſa graine eſt noire. On le ſuſpend comme le maïs pour le conſerver. Quand les bœufs

font à la fin de leur engrais, on répand
fur leur aliment de la graine de foleil, à
proportion de la quantité de fa moiffon.
Le bœuf mange avec avidité cette graine,
qui lui communique, au moyen de fes
parties huileufes, les fucs les plus abondans. Son ufage pour le mouton eft admirable :.... on mêlange cette graine avec
le maïs fans apprêt. Le mouton n'eft pas
moins avide que le bœuf, quand on lui
diftribue ces deux farineux qui flattent le
plus fon goût, & qui lui donnent tant de
délicateffe. La perfection de l'engrais des
porcs avec ce farineux mêlé dans fes alimens, eft indubitable. Mais il n'eft pas à
préfumer qu'un cultivateur en faffe des
récoltes affez abondantes, pour en defti-
ner une partie à l'engrais du porc. Cet
animal vorace qui vit & s'engraiffe avec des
alimens que le bœuf & le mouton ne
pourraient confommer, & dont le lard
eft parfait, n'eft point fait pour une nourriture auffi recherchée. La volaille & les
pigeons feraient de la plus grande fineffe

& fécondité, en ne vivant que de maïs en grain & de tournefol.

La chaux eft, de tous les engrais, celui qui doit fertilifer les jardins, contribuer à la bonté de fes fruits, à la falubrité de fes végétaux. Sa préparation dans les terres labourables, eft la feule qui puiffe y convenir, pour les fimples particuliers qui ne font point dans l'ufage de faire des melons. Mais les riches que la fortune favorife de tous fes dons, doivent l'employer autrement. Une melonnière confidérable formée de deux ou trois pieds de fumiers, & de trois ou fix pouces de terre chaulée qui les couvre, doit fuffire à l'engrais de tout un jardin. Son terreau, l'année fuivante, doit être diftribué par monceaux fur les plates-bandes, planches & carreaux d'un potager. La terre conferve avec cette amélioration toute fa fraîcheur. La grande féchereffe n'a point de prife fur une furface dont toutes les parties font pleines d'onction. L'ufage du fumier infecte un jardin de

mauvaises herbes, multiplie des légumes
sans goût & sans qualité ; le terreau fait
tout le contraire. La melonnière, destinée
aux plus précieuses semences, réunit à
cette utilité celle de féconder tout un
potager & de le rendre précoce. Celui
de chaque colon serait assez grand pour y
planter un vignoble suffisant pour son
usage. La multiplication de cette denrée
est la moins essentielle. N'ayant pour but
que d'instruire, je m'arrête, quand l'expérience ne me fournit plus l'occasion
d'occuper utilement le Lecteur.

F I N.

J'AI lu avec intérêt l'Ouvrage sur l'Agriculture
de M. DE SAINT-BLAISE, & je crois que
la publication de cet Ouvrage sera utile.

LE DUC DE CHAROST,

*Associé des Sociétés Royales d'Agriculture
de Paris & de Ham.*

APPROBATION.

J'AI lu, par ordre de Monseigneur le Garde des Sceaux, ce Manuscrit, dont l'objet m'a paru assez utile pour mériter l'impression. A Paris ce 28 Janvier 1788.

PARMENTIER.

PRIVILÉGE DU ROI.

LOUIS, par la grace de Dieu, Roi de France & de Navarre : A nos amés & féaux Conseillers les Gens tenant nos Cours de Parlement, Maîtres des Requêtes ordinaires de notre Hôtel, Grand-Conseil, Prevôt de Paris, Baillifs, Sénéchaux, leurs Lieutenans Civils, & autres nos Justiciers qu'il appartiendra, SALUT. Notre amé le sieur Chevalier DE SAINT-BLAISE, Nous a fait exposer qu'il désireroit faire imprimer & donner au Public un *Traité d'Agriculture, où l'on enseigne la manière de perfectionner l'engrais économique, &c.* s'il nous plaisoit lui accorder nos Lettres de permission pour ce nécessaires. A CES CAUSES, voulant favorablement traiter l'Exposant, nous lui avons permis & permettons par ces Présentes, de faire imprimer ledit Ouvrage autant de fois que bon lui semblera, & de le faire vendre & débiter par tout notre Royaume, pendant le temps de cinq années consécutives, à compter du jour de la date des Présentes ; Faisons défenses à tous Imprimeurs , Libraires & autres perfonnes de quelque qualité & condition qu'elles foient, d'en introduire d'impreffion étrangere dans aucun lieu de notre obéiffance ; à la charge que ces Préfentes feront enregiftrées tout au long fur le Regiftre de la Communauté des Imprimeurs & Libraires de Paris, dans trois mois de la date d'icelles ; que l'impreffion dudit Ouvrage fera faite dans notre Royaume & non ailleurs, en bon papier & beaux caractères ; que l'Impétrant fe conformera en tout aux Réglemens de la Librairie , & notamment à celui du 10 Avril 1725, & à l'Arrêt de notre Confeil du 30 Août 1777, à peine de déchéance de la préfente permiffion ; qu'avant de l'expofer en vente, le manufcrit qui aura fervi de copie à l'impreffion dudit Ouvrage fera remis dans le même état où l'Approbation aura été donnée, ès mains de notre très-cher & féal Chevalier, Garde des Sceaux de France, le fieur DE LAMOIGNON, Commandeur de nos Ordres ; qu'il en fera enfuite remis deux Exemplaires dans notre Bibliotheque publique, un dans celle de notre Château du Louvre, un dans celle de notre très-cher & féal Chevalier Chancelier de France, le fieur DE MAUPEOU, & un dans celle dudit fieur DE LAMOIGNON ; le tout à peine de nullité des Préfentes : Du contenu defquelles vous mandons & enjoignons de faire jouir ledit Expofant & fes ayans caufe pleinement & paifiblement, fans fouffrir qu'il leur foit fait aucun trouble ou empêchement : Voulons qu'à la copie des Préfentes, qui fera imprimée tout au long au commencement ou à la fin dudit Ouvrage, foi foit ajoutée comme à l'original : Commandons au premier notre Huiffier ou Sergent fur ce requis, de faire, pour l'exécution d'icelles, tous actes requis & néceffaires, fans demander autre permiſſion, & nonobſtant clameur de Haro, Charte Normande, & Lettres à ce contraires. CAR tel eſt notre plaiſir. DONNÉ à Verſailles, le deuxieme jour du mois d'Avril, l'an de grace mil ſept cent quatre-vingt-huit, & de notre Regne le quatorzieme. Par le Roi en ſon Conſeil. *Signé*, LE BEGUE.

Regiſtrée ſur le Regiſtre XXIII de la Chambre Royale & Syndicale des Libraires & Imprimeurs de Paris, N°. 1525, fol. 503, conformément aux diſpoſitions enoncées dans la préſente Permiſſion; & à la charge de remettre à ladite Chambre les neuf Exemplaires preſcrits par l'Arrêt du Conſeil du 16 Avril 1785. A Paris, ce 4 Avril 1788.

NYON l'aîné, Adjoint.

A PARIS. De l'Imprimerie de PRAULT, Imprimeur du Roi, quai des Auguſtins, à l'Immortalité. 1788.